一次搞懂應用工種、安裝關鍵、創意巧思

裝潢五金研究室

暢銷改版

目錄

CHAPTER 1 木作工程相關之五金運用

008 Type1-1 滑動裝置
026 Type1-2 鉸鍊
042 Type1-3 門弓器
046 Type1-4 把手／取手
054 Type1-5 鎖類
064 Type1-6 門擋／門止
068 Type1-7 門閂／地栓／天地栓
072 Type1-8 滑軌
084 Type1-9 撐桿
090 Type1-10 櫃內配件
102 Type1-11 抽屜配件
110 Type1-12 層板／吊掛配件

CHAPTER 2 玻璃工程相關之五金運用

120 Type2-1 玻璃門裝置

132 Type2-2 玻璃鉸鍊

142 Type2-3 玻璃門鎖

148 Type2-4 玻璃門把／門閂

CHAPTER 3 衛浴工程相關之五金運用

162 Type3-1 淋浴門

176 Type3-2 龍頭

188 Type3-3 花灑

198 Type3-4 落水頭／集水槽

202 Type3-5 衛浴配件

CHAPTER 4 設計哪裡找・五金哪裡買

216 Type4-1 五金・廚衛廠商

Type4-2 設計公司

CHAPTER

1

木作工程相關之五金運用

Type1-1 滑動裝置
Type1-2 鉸鍊
Type1-3 門弓器
Type1-4 把手／取手
Type1-5 鎖類
Type1-6 門擋／門止
Type1-7 門閂／地栓／天地栓
Type1-8 滑軌／軌道
Type1-9 撐桿
Type1-10 櫃內配件
Type1-11 抽屜配件
Type1-12 層板／吊掛配件

BONCO
BONCO

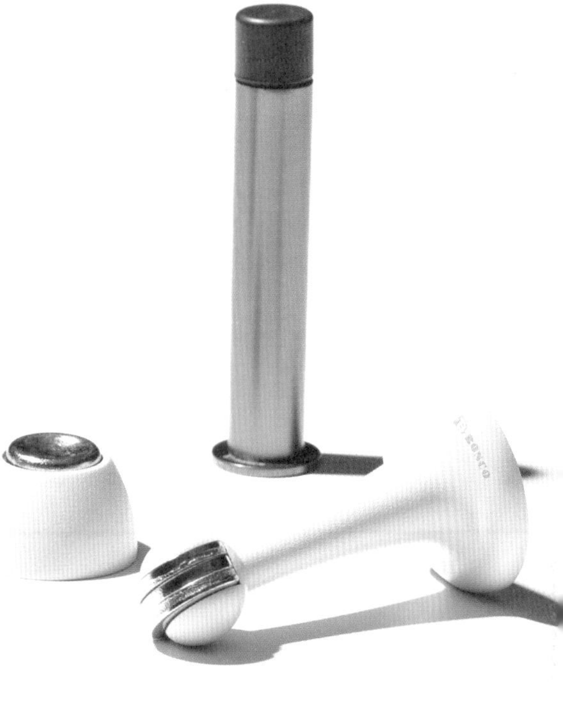

BONCO

滑動裝置

Type 1-1

特色解析

舉凡滑帶、軌道（或稱滑軌、鋁軌）、滑輪、滑軌上下門止……等，其實都歸屬在滑動裝置五金裡，共同促使房門、櫥櫃門與吊畫等機能的運作。

房門滑動裝置

各種的拉門，最主要是依靠著軌道、滑輪、滑軌上下門止……等五金構件組合後產生運作，進而隨滑輪安排位置又再細分出「上輪」、「下輪」等形式的拉門。上輪即滑輪配置在上方，底下無須再配置軌道更好維持清潔，僅在底端加入下門止（或稱土地公），即能防止門左右搖晃，因此是目前蠻普遍使用的方式。採取上輪形式的拉門如：懸吊式拉門、穀倉門……等。下輪則是將軌道做在底下，因重量多落於下端，較不像上輪式好推動，一般拉門、平移式拉門便是採取下輪形式的拉門種類。

懸吊式拉門

懸吊拉門軌道走上軌道形式，門則是被吊掛在軌道上面，或是被鎖在天花板上面，因走上軌底下會搭配門止，防止晃動。它有緩衝與非緩衝之分，前者還能再區分單向緩衝（例如開有緩衝、關則無緩衝功能）或是雙向緩衝（即開關均有緩衝功能）。若選擇有緩衝功能的，除了留意承載性外，門片寬度也須注意，門寬主要取決緩衝器長度，不可小於緩衝器長度，否則無法安裝。

外掛式拉門

外掛式拉門軌道採取鎖正面方式（即牆的正面），鎖的方式也有不同，可選擇將五金外露，亦可將五金藏起來（即讓軌道埋入天花板並，兩者齊平）。選擇外掛拉門時，記得在上方要預留一些空間，至少約 6cm，以利日後調整或維修五金之需要。

穀倉式拉門

隨近年工業風的流行，連帶帶動穀倉門的使用風潮。穀倉門同樣是走上軌道的形式，它的外形構造很特別，軌道露在外並且上方會掛著 1 或 2 片的門片。選擇安裝穀倉時，要留意是否有加裝安全防跳片或防跳塊，它能預防脫軌時門跑偏的情況。

滑輪有各自的大小與型號，又再依荷重（即承載重量）能力做細分，同樣地，軌道亦有輕軌、重軌、超重軌之別，甚至有的是滑輪與軌道有固定的搭配，選用前宜清楚了解。若門片有特別重、特別大等，在挑選滑輪、軌道時就要多加留意，以免造成零件超載或鬆脫情況，影響使用。

施工&使用注意事項

攝影｜江建勳　產品、場地提供｜寶豐國際有限公司

Point
1
懸吊式拉門有緩衝與非緩衝之分。
Point
2
穀倉門屬於走上輪形式的拉門。

滑動裝置

Type 1-1

特色解析

折門

折門即門片在收時可以一片片對折後收起來，拉開時又是一大片完整的門片。正因對折時會產生一個「V」字狀，1 個 V 對應 2 片門，依據空間環境決定幾個 V（即幾片門）。不少住宅環境會規劃 1 間彈性空間，就蠻常以折門來取代實體隔間，既能達到劃分作用，必要時又能讓環境產生開闊作用。

萬向軌道拉門

萬向軌道其獨特的軌道設計，不僅門片可依需求做開合，另也能讓門扇做多處、單一或分區的收納，也因可做多向度的變化，能讓空間變化出多種形式。其軌道轉角有分 T 字、F 字、十字等，其主要走上軌形式，另下軌則可有可無。商業空間中的宴會廳最為常見，住家則是多出現在大坪數空間中。此種拉門對於承載性有要求，家用門片承載重量約 60kg，商用則為 100kg 或 100kg 以上。

連動拉門

連動拉門常見形式有兩種，主要是以門片運作方式來做形式上的區分，其一為定點式連動拉門，以 3 片式門為例，第 1 片門拉至第 2 片門，才會啟動連動配件並將 2 片門給扣住，即產生連動現象；其二為連動式連動拉門，以 2 片門為例，拉第 1 片門即會同時啟動連動配件，並拉動第 2 片門，即 2 片門是同時運作。通常建議安裝門片數至少 2 片，至多則建議不要超過 3 片，由於收納門片需要空間，門片厚度約 3.3 ～ 3cm，門片愈多所需空間愈大，相對就會佔用掉其他空間的所需坪數。

施工＆使用注意事項

有些拉門固定方式不同，像是部分懸吊拉門僅固定住天花板，安裝前一定要注意天花板結構是否夠，若硬度不夠，建議在天花板上加強吊掛強度，再做後續拉門的安裝。

若要選折門時，在不裝下軌情況下，建議可選擇高載重款式，除了可承受重量較高之外，也能減少五金維修的機率。

滾輪軸承有分滾珠與滾針形式，市場普遍以滾珠軸承居多，不過滾針的穩定性好但單價比較高，目前較少使用。

下門止依直徑粗細有不同的對應溝槽，通常直徑13mm配5分槽、8mm配3分槽。當地板無法挖洞情況下，則會選擇鎖於牆上的L型下門止，其又分固定式與前後可調形式。為避免降低撞壞頻率，建議使用含有培林的門止，耐用、推拉順暢再者也不易裂開，同時也能省去日後更換上的麻煩。

Point 3
軌道材質常見的有鋁、銅、木作等，並又再細分V型、U型與ㄇ型。

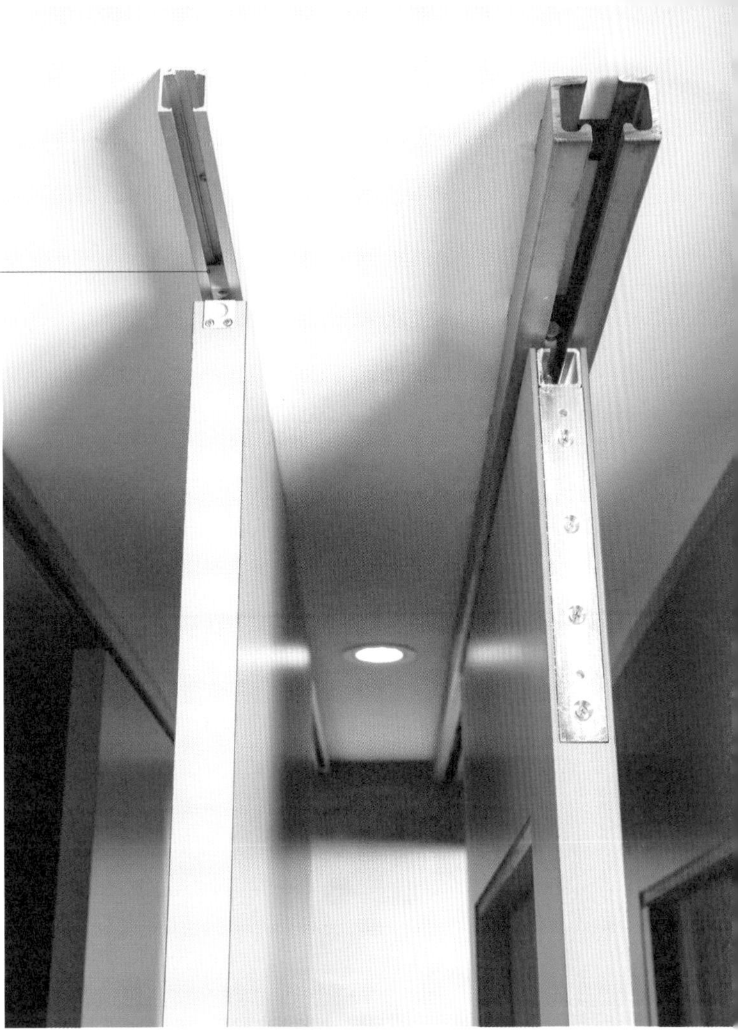

攝影｜江建勳 產品、場地提供｜寶豐國際有限公司

Point 4
上下輪材質有塑膠、ABS、金屬等。

攝影｜江建勳 場地提供｜萬利貿易

Point 5
地板無法挖洞時，會選擇鎖在牆上的L型下門止。

攝影｜江建勳 場地提供｜萬利貿易

攝影｜Peggy 場地提供｜協進傢具五金製造廠

滑動裝置

Type

1-1

特色解析

櫥櫃門滑動裝置

櫥櫃拉門隨開啟方式，又衍生出不一樣的五金構件。一般懸吊門類移動與使用方式，會擷取相關的滑動五金來做配置，例如衣櫃常見的折門式拉門，便是採取上軌式作法，並加入暗鉸鍊作為門片與門片的銜接五金，讓門能順勢滑動並收起。另外，也有所謂的上下閘刀門、巴士門……等，則有對應這類的特殊滑動裝置五金與軌道，讓門可以是透過不同向度打開櫃體的門片，既能讓門片呈一平面性，開啟時也不會太佔空間。

掀門／折掀門

掀門蠻常被運用在廚房櫥櫃門片中，藉由撐桿五金讓門片在揭開時提供支撐動作，常見上掀與下掀兩種形式。至於折掀門則是在將門掀開後可把門片折推側板口袋區，或是上方口袋區，折掀門除了櫥櫃常見，另外早期也蠻常被用在電視櫃設計上。

上下鍘刀門

上下鍘刀門（或稱上下閘刀門）即是在兩側結合滑軌，門可向上平移打開，另外也有雙向形式，打開時可上下各自展開。早期在廚房櫥櫃、客廳酒櫃的設計中都頗為常見，但發展至今逐漸被掀櫃取代，市場偶爾仍有需求。

攝影—江建勳 產品、場地提供—寶豐國際有限公司

Point 6 上下鍘刀門打開時，門可向上平移展開。

上下鍘刀門若是設置在高櫃處，天花板要預留一個門片的高度，否則門片向上推時沒有可放之處。

Type

1-1 滑動裝置

特色解析

巴士門

巴士門顧名思義其門的開闔有點類似巴士車門所使用的方式。它有分垂直、橫向兩種開啟結構，一般衣櫃多以橫向開啟居多，至於垂直開啟則多用於像廚房流理台上櫃中。巴士門能允許門片在小範圍內做移動，門片推開後出入空間不受影響，很適用於狹窄環境中。

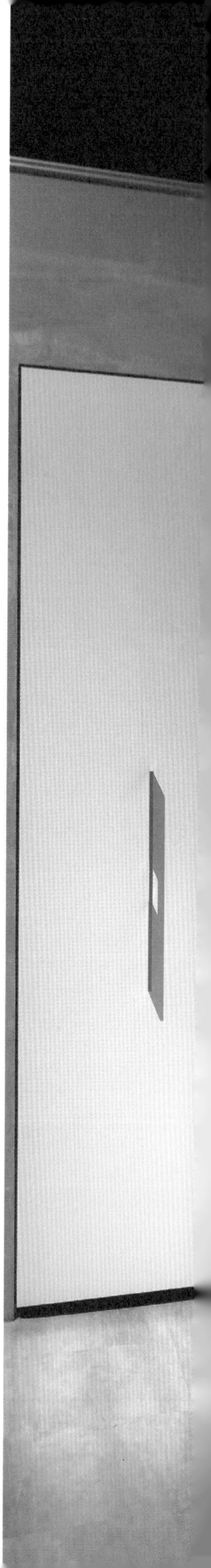

攝影｜江建勳 產品、場地提供｜寶豐國際有限公司

巴士門因有懸臂五金，設計時建議要預留懸臂的內退空間，否則若內部是掛衣服或是做抽屜時就很容易被五金刮到。

施工＆使用注意事項

Point 7 巴士門最特別在於有懸臂五金設計。

滑動裝置

Type 1-1

特色解析

吊畫滑動裝置

傳統掛畫多採取將固定掛勾直接釘入牆面的方式，雖承載力較強，但容易破壞牆面，發展至今已逐漸被吊畫的滑動裝置取代。吊畫滑動裝置包括：吊畫軌道、掛勾與懸吊鋼索。吊畫軌道分為側吊及垂吊式，前者需釘入牆面，後者則多以鎖在天花板角料為主；懸吊鋼索多為標準長度，可依需求訂製不同長度，實際吊掛若遇過長情況時，可將部分線捲藏在畫框後。

圖片提供—構設計

施工＆使用注意事項

由於吊掛畫的軌道得嵌入到天花板上，有需要安裝時須先提出，可在裝潢時做埋入動作，並再利用木作方式做美化。

預埋吊畫軌道務必留意牆壁與天花板的強度。

所吊掛的畫重量較重時，建議改以雙點支撐，其承載性較佳。

Point 8 愈來愈多人選擇以吊畫軌展示畫作，既美觀也是主流。

滑動裝置

Type 1-1

案例運用

圖片提供｜日作空間設計

圖片提供｜日作空間設計

上下軌道拉門

上下軌道
讓拉門穩固耐用

運用拉門彈性區隔睡寢、休憩兩個空間，賦予使用者靈活使用，拉門材質以玻璃夾和紙的設計，迎合整體日式氛圍，並採取上下軌道五金，相較於單點支撐的土地公來得更穩固耐用，滿足使用者的期待。

圖片提供｜演拓空間室內設計

上軌道拉門

緩衝拉門自動回歸更安全

餐廳牆面運用白色噴漆拉門設計，巧妙將櫃體、小家電用品隱藏、化解凌亂，除此之外，3 片拉門皆具備緩衝功能，搭配下門止五金，讓門片開闔時能自動慢慢回歸，若未具備緩衝，若長時間大力開啟，由於門止是鎖於地磚上，恐怕造成磁磚破裂。

上軌道拉門

軌道搭配門止，達到定位作用

老屋翻新的公私領域利用拉門取代隔間，有助於空氣流通化解潮濕問題，3 片拉門維持上下預埋軌道，避免門片搖晃，而衛浴由於是單片拉門形式，僅以上軌道加上土地公（或稱導片），達到定位的作用。

圖片提供｜日作空間設計

圖片提供－橙白室內裝修設計

圖片提供－橙白室內裝修設計

折門

折拉門開闔之間，有效提升空間坪效

連結餐廳、客廳與廚房，既想要帶來寬闊感的開放設計，又希望能擁有獨立空間，設計師將此銜接區域做平移式拉折門，全數闔上時能創造絕對不受擾的餐食區，打開時亦擁有最大開口成為開放場域。

圖片提供｜橙白室內裝修設計

巴士門

流暢平移展現臥房溫潤感

在地坪有限的臥房中，既無充分空間提供前後門片開闔，也無足夠寬度作橫向推拉，設計師則以能浮動開啟的巴士門解決了困擾，特殊進口鉸鍊動力、緩衝設計開闔之間盡顯優雅。

吊畫滑動裝置

吊掛五金牢而輕盈展現簡鍊

在白色烤漆材質的壁面上，以藝術畫作增加室內風景，考量到使用釘子掛釦容易破壞牆面，因此，設計師在天花板的木作工程中，先將吊畫滑軌嵌入，細而牢固的金屬材質不僅耐重力高，還能依據軌道裝置自由平移畫作位置。

圖片提供｜構設計

圖片提供｜橙白室內裝修設計

上軌道拉門

L 型拉門瞬間創造獨立式廚房

針對廚房區烹調煮食時，容易有熱氣油煙散逸的問題，於是設計者在備餐台以及側邊出入空間處，以玻璃左右滑門為油煙設置界線，下廚時全數關上阻隔，平時打開則成為自由出入的半開放區域。

穀倉門

穀倉拉門，增添空間獨特的個性味

近幾年受工業風影響，連帶使得穀倉門也掀起關注與使用，此拉門形式會將軌道、滑輪等五金曝露在外，再透過不同的表面處理，加強它的特色，融入空間替環境增添些許個性。

圖片提供｜法蘭德室內設計

櫥櫃門滑動裝置

加入折門概念，讓門收得漂亮

因臥房空間不大，但又希望能將衣櫃與化妝桌、電視整合在一起，於是設計者利用掀板門片，讓門片打開後又可以折入側邊收得漂亮，關上維持一致性美感，開啟也不怕環境空間不足。

圖片提供－維度空間設計

懸吊拉門

不落地手法，讓櫃體好似飄浮一般

為了讓櫃體門宛如懸吊般，刻意不讓門片落地，並採取上下均安裝軌道的方式呈現，再結合照明設計，櫃體好似飄浮一般。擔心軌道會被看到，設計者也有特別拉高門片尺寸，無論站在何處都不用擔心軌道五金會出現稍稍外露的情況。

圖片提供－演拓空間室內設計

圖片提供｜演拓空間室內設計

懸吊拉門

上軌形式，更顯玻璃拉門的輕透與乾淨

空間中特別設置了帶有包覆設計的玻璃拉門，設計者選擇僅只做上軌，地坪處則藉由同一材質做延展，讓它的存在不只輕透與乾淨，還能帶出小區域的視覺層次。

上下軌道拉門

五金元素做轉換，順利帶動書櫃運用

設計者將常用於拉門的上下軌道轉換運用於書櫃之中，在有限空間下做出了雙層書櫃的設計，不僅順利帶動書櫃，也大幅提升屋主在找尋藏書時的操作便利性。

懸吊拉門

穿透拉門，讓空間保有通透性

為保持兩區域之間的通透性，選擇在之間加入1道隔間拉門，採取上軌道方式製作，下方並不再多配有軌道，既可維持地坪的平整性外，也能讓屋主更好維護與清潔。

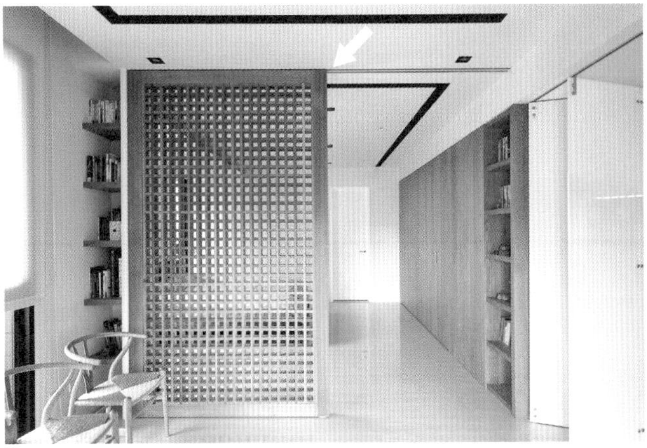

圖片提供｜日作空間設計

圖片提供｜FUGE馥閣設計

鉸鍊

Type

1-2

特色解析

鉸鍊主要是能夠讓門產生轉動並達到開啟、關閉的五金組件。因此可看到這類五金經常被使用在通道門片、櫥櫃門片上。

門類鉸鍊

蝴蝶鉸鍊

是最廣泛應用於門類的鉸鍊，能夠讓門做 90° 角的開與合，適用於單面開啟的門片上，由於兩側片狀宛如蝴蝶的 1 對翅膀，因而有蝴蝶鉸鍊之稱（或稱合頁鉸鍊）。早先以葉片、軸心與墊片所組成，提供門片最單純的轉動、開闔等作用，而後為提升承載性，則又再加入培林，2 培林與 4 培林是常見形式。後期則又再加入彈簧、油壓棒等零件，使其擁有自動回歸、緩衝等功能，當門扣上時既能自動回關並緩緩閉合，甚至還能減少關門時碰撞噪音的產生。蝴蝶鉸鍊分為有頭與平頭兩種，形式多以矩形為主，台灣最常用的是 4 英吋 ×4 英吋（約 10cm×10cm），再大會選 5 英吋 ×4 英吋（約 12.5cm×10cm）。材質常見種類為：鐵、不鏽鋼、鋅合金、鋁、銅、塑料等。

旗鉸鍊

旗鉸鍊也是門類鉸鍊中常見種類之一，因葉片非左右對稱，而是上下分開，並且葉片會連著軸心，宛如旗子一般，故也有人稱為旗型鉸鍊。會在中間軸心加入彈簧與油壓，因此，具自動回歸功能外，還可調整關門速度。旗鉸鍊常見開孔形式，即透過螺絲完成安裝，另也有無孔形式，則是要焊接方式完成安裝。材質常見種類為：鐵、不鏽鋼、鋁、銅等。

暗鉸鍊

無論蝴蝶鉸鍊還是旗型鉸鍊，都有曝露在外的問題，為了美觀，而後又有推出所謂的「暗鉸鍊」（或稱隱藏鉸鍊），既能巧妙隱藏又可提供門開闔、轉動的作用。這可適用於完全隱藏住鉸鍊的門片上，剛開始以十字暗鉸鍊最為常見，但其安裝時角度無法微調，是一大困擾點，於是，後期有 3D 或三維暗鉸鍊問市，安裝時角度可再做微幅調整，能讓開闔更順暢。材質常見種類為：鐵、不鏽鋼等。

攝影—江建勳 產品提供—拓亞實業有限公司

Point 1
前後頂端分有頭、平頭兩種，賦予鉸鍊的造型變化。
Point 3
鉸鍊中加入培林來提升承載重量，2培林與4培林為常見形式。
Point 2
暗鉸鍊安裝必須開孔，須留意門厚問題。

＊ 無論蝴蝶鉸鍊、旗鉸鍊、暗鉸鍊，每個鉸鍊的尺寸與大小有其本身的容許荷重（即可承受之重量），因此在選用時除了門寬、門高外，對於「門重」要特別留意，特別是有時為求設計感或美觀，會在表面加入不同面飾材，這些也都要一併納入考量，才能選用到合宜的鉸鍊，讓門順利開闔與使用。

＊ 鉸鍊上有既定的孔洞，安裝時必須將螺絲一一鎖入這些孔洞中，缺一不可；再者，也得依據孔洞大小選用適切的螺絲，切勿用小螺絲鎖大孔洞，如此一來很可能使鉸鍊力距受影響，自然也會影響到功能表現。

＊ 正常門片多半以安裝2個鉸鍊為主，但也仍有因門過厚、過高或過重而出現安裝3個鉸鍊的情況，藉由多加增1個來加強整體的穩定性，但，請切記並非裝愈多就愈好，仍是要依門的本體、現場環境來做增加的評估與考量，才是理想。

施工＆使用注意事項

鉸鍊

Type

1-2

特色解析

地鉸鍊

地鉸鍊是以油壓（液壓）裝置為主的鉸鍊，採用軸心負重設計，引導門片做開闔動作。早期的地鉸鍊多為「預埋形式」，即將機體埋藏於地面下，但這樣的形式在裝潢上仍有些不便，於是，後期則有了所謂的「非預埋形式」，不再是裝潢中的一項困擾，後續維修更是便利。由於是採油壓裝置，因此地鉸鍊都具有自動回歸、定位的功能。

天鉸鍊

天鉸鍊除了本體油壓裝置外，另搭配承重的培林。其安裝方式與地鉸鍊相反，本體安裝於門扇上緣，能免去擔心淹水使本體鏽蝕，承重培林則安裝於地面。正因主體是安裝在門上方，故很適合易淹水的國家使用。

天地鉸鍊

天地絞鍊主要是安裝在門的最上方與最下方，也正因如此，能將壓力傳導至門的本體，適合體積大、重量重的門片，像是金屬門或以鐵件包覆的玻璃門就很適合，反之輕型的木門則較少見。由於天地鉸鍊主要是以圓形柱體插銷來做固定，較沒有緩衝回歸的功能。角度上也不像蝴蝶鉸鍊般有所限制，其角度能開到很大，要達到180° 角也不是問題。

攝影－江建勳　產品提供－拓亞實業有限公司

地鉸鍊使用的是油壓系統，相當怕水，一旦泡到水並滲入機體中，其油壓裝置會有變質、漏油、損壞等問題出現，安裝環境要特別留意，只要會淋到雨的地方就不太建議，戶外亦是如此。

天地鉸鍊、地鉸鍊都有其門寬、門高、載重的適用規範，而地腳鍊還有分號數，不同號數的載重皆不相同，倘若門片較為寬大、厚重，甚至想以鑄鐵、金屬、石材等作為門片的表飾材時，就可以考量此類的鉸鍊五金。

天鉸鍊主體有一定重量，因此安裝於天花板時，須在結構上做補強。

施工＆使用注意事項

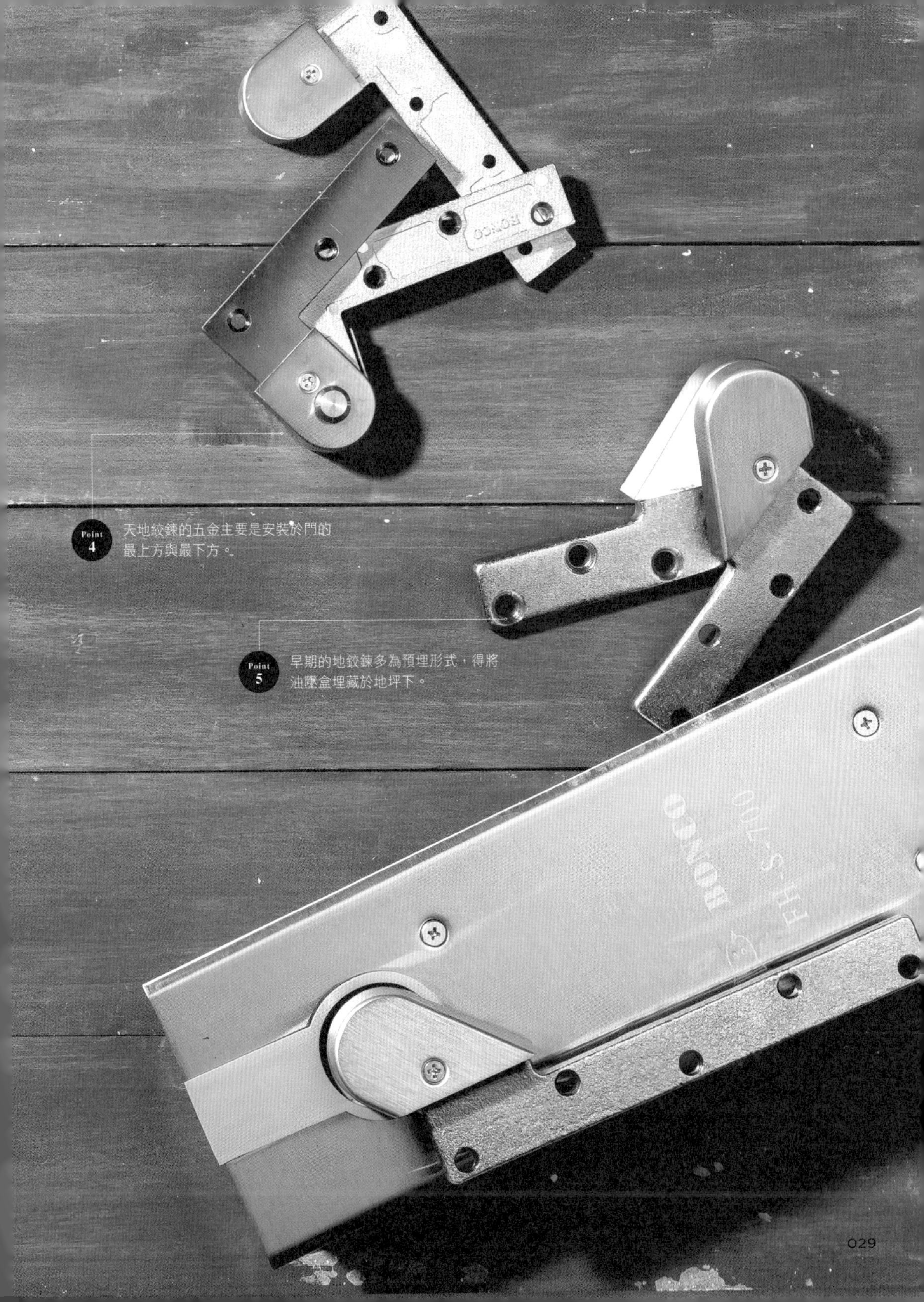

Point 4 天地絞鍊的五金主要是安裝於門的最上方與最下方。

Point 5 早期的地鉸鍊多為預埋形式，得將油壓盒埋藏於地坪下。

鉸鍊

Type

1-2

特色解析

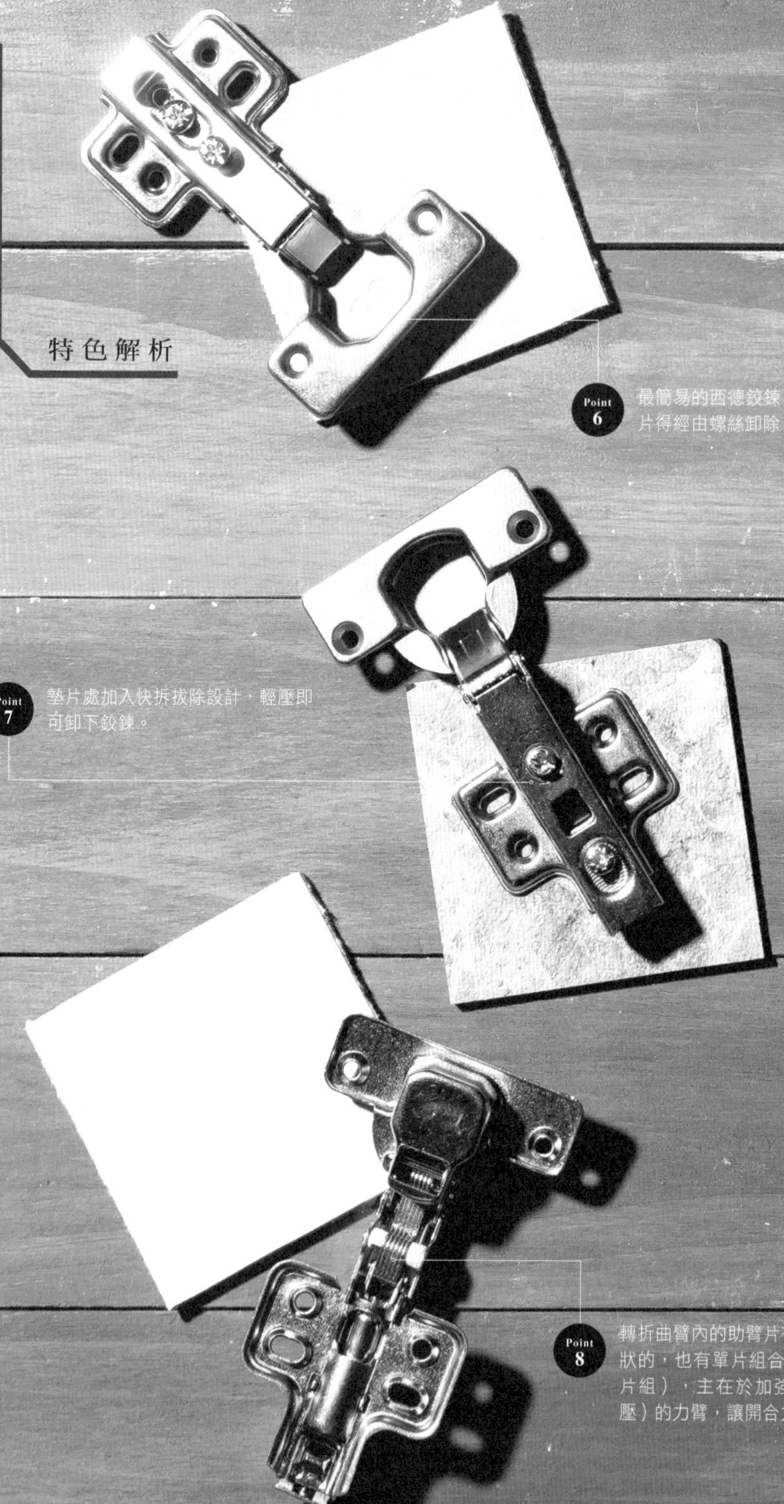

Point 6 最簡易的西德鉸鍊，沒有緩衝且墊片得經由螺絲卸除。

Point 7 墊片處加入快拆拔除設計，輕壓即可卸下鉸鍊。

Point 8 轉折曲臂內的助臂片有單一片呈面狀的，也有單片組合形式（常見6片組），主在於加強油壓（或液壓）的力臂，讓開合力度均勻。

攝影｜江建勳　產品來源｜崧進傢俱五金製造廠

櫥櫃鉸鍊

西德鉸鍊

早期門片鉸鍊無法避免部分構件外露的情況，隨西德鉸鍊的發明，改善了此問題，更讓櫥櫃門片進入「蓋柱」、「入柱」時代，使櫃體造型更具創意與多樣。西德鉸鍊乍看有點像「T」字型，由上至下為：鉸鍊杯（即圓凹處）、轉折曲臂、臂身與墊片。為了讓西德鉸德更好用，業者陸續在轉折曲臂上做改良，讓開門角度度數常見的有 90°、100°，另還創造出 25°、30°、160°、180°、270°（或稱 -90°）……等特殊角度的款式。至於在臂身的改良，則是加入彈簧、油壓、緩衝圓棒、緩衝背包等零件，讓門片在閉合時能柔和無聲地自行緩慢關閉。除了功能，臂身上的墊片拆卸也經由螺絲卸除，到改加入快拆拔除設計，西德鉸鍊輕壓一下即可卸除並讓門片分離，對施工者而言施作更為便利，對於後續屋主使用上有需拆開門片拿取物品時也很方便。櫥櫃門片有「蓋柱」（門板蓋起看不到側板）與「入柱」（門板內退與側板對齊）之分，通常蓋柱會依門片立板厚度有所區分，常見蓋 3 分（9mm）、蓋 6 分（18mm）兩種形式（註 1）。另外，鉸鍊杯開孔直徑有 1 寸 15（35mm，或稱寸 15）、1 寸 35（40mm，或稱寸 35）之分，這直徑尺寸關係著門板厚度，通常寸 15 鉸鍊適用板材厚度約 18 ～ 22mm，寸 35 鉸鍊的適用板材厚度約 18 ～ 30mm，不過這並非絕對，還是得依實際門板厚度來做挑選為主。材質常見為：鐵、不鏽鋼等。

註 1：1 分為 3mm。

施工 & 使用注意事項

* 西德鉸鍊有不同開啟角度數的限制，打開時，若強開至超過該角度數，不但容易扯壞內部構造，回關時也可能形成無法完整閉合的情況。若是安裝西德鉸鍊，切勿超出其本身所規範的角度去做開啟。

* 安裝西德鉸鍊時，除了需留意門片的高度、寬度、厚度之外，另一側因有蓋柱、入柱之分，更是要留意板材厚度部分，才不會有不好開啟的情況產生。

鉸鍊

Type

1-2

特色解析

針車鉸鍊

針車鉸鍊最早用於縫紉機的蓋板，名稱因而得來，由於展開時可與檯面、門片等呈現同一平面，另有平台鉸鍊之稱。也正是因為展開時能呈一平面，多半在下掀櫃時看到此鉸鍊的應用，讓抽取物品時不會撞到或卡到。針車鉸鍊普遍規格，展開寬度約 70mm、葉片高度約 30mm，但也因各家廠商產品線不同，有不同大小與尺寸的款式在市面流通。材質多為：不鏽鋼、鐵、銅、塑膠等。

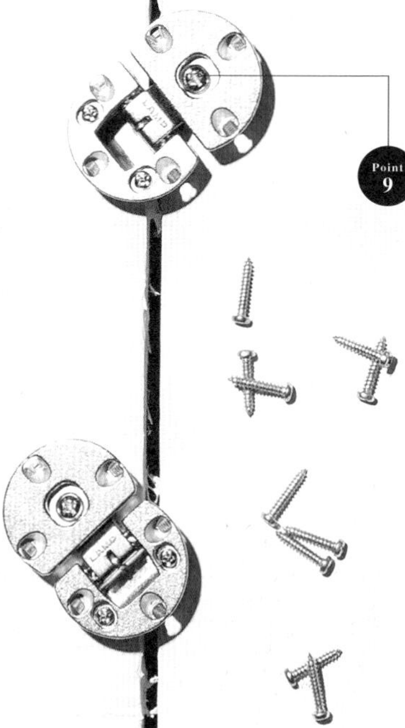

Point 9 針車鉸鍊通常都要搭配撐桿一起使用。

針車鉸鍊通常接合下翻式門片，使用上建議要用到兩顆且要搭配撐桿。

攝影—江建勳

施工＆使用注意事項

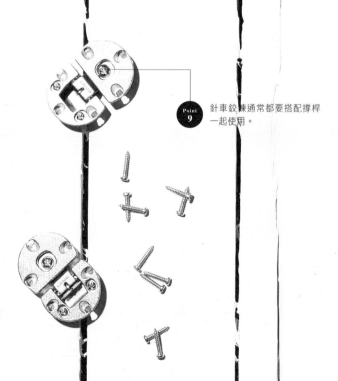

鋼琴鉸鍊

鋼琴鉸鍊最早主要是鋼琴掀蓋上，在住家中，它主要用在特定地方，像是長型面板需要做開闔時就會選用，較不會有位置偏移的情況，但它的軸心會外露出來。由於材質較薄，所以一般門是不適合的。

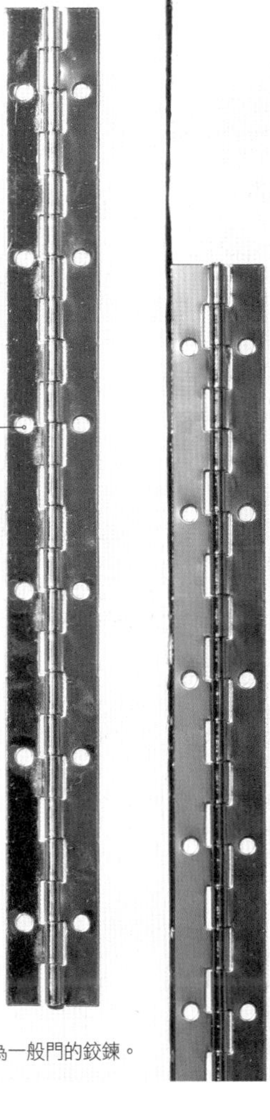

Point 10 鋼琴鉸鍊比較長，可以依需求做裁切使用。

鋼琴鉸鍊因為比較薄，較不適合作為一般門的鉸鍊。

攝影─工建勳

鉸鍊

Type

1-2

案例運用

圖片提供｜FUGE 馥閣設計

蝴蝶鉸鍊

適時增加鉸鍊數提升穩定性

門片常使用的鉸鍊為蝴蝶鉸鍊，基本而言安裝上以 2 個為主，但考量門厚、門高與門寬，特別在之間多增加 1 個鉸鍊，來加強其穩定性。

圖片提供｜維度空間設計

蝴蝶鉸鍊

黑色蝴蝶鉸鍊成創造開闔小亮點

鉸鍊表面塗裝技術愈來愈多元，透過電鍍、陽極、奈米、粉體……等技術，能替原本單純的鉸鍊上妝，產生出除了不鏽鋼色之外，白色、黑色、玫瑰金等樣式，讓門在開闔之間也有屬於自己的小亮點。

圖片提供—演拓空間室內設計

圖片提供—演拓空間室內設計

地鉸鍊

轉個轉，地鉸鍊有了新作用

設計者將櫃體與屏風做一整合，為了讓它可以順利轉動，選以地鉸鍊五金來應對，不僅承載性充足，更重要的是能讓使用者隨需求做不同向度的調整，讓空間更好運用。

地鉸鍊

地鉸鍊讓出入大門更好推動

由於地鉸鍊含有油壓盒裝置，承載性較高，因此像是較為厚重的金屬門、玻璃門等都會選以地鉸鍊為主。另外，商業空間的出入門也蠻常使用，亦是為了讓門更好推動。

攝影—李奕霆

攝影—日作空間設計

蝴蝶鉸鍊

大尺寸蝴蝶鉸鍊，承重力好

在保有老屋記憶與情感的翻修狀況下，實木大門重新上漆處理後予以保留，考量實木重量較厚實，門片特別選用 3 個大尺寸蝴蝶鉸鍊，大尺寸的優點是孔位面積寬、承重力越好，同時以上、中、下平均配置，可避免門片位置偏移，更為耐用。

蝴蝶鉸鍊

重型回歸鉸鍊讓門扇順暢開關

為求牆面設計的完整性，臥房採取隱藏式門片設計，搭配使用自動回歸鉸鍊，門扇開啟後可以自動關上，也能透過內部的油壓鉸鍊，調整門扇關上的速度。此外，為避免空氣負壓造成門扇無法緊密關上，設計者也特別選用重型回歸鉸鍊，讓門扇能順暢使用。

針車鉸鍊

下掀開啟門片，取物不怕被卡住

由於針車鉸鍊在展開時能讓門片與檯面呈一平面狀態，在下掀櫃體中常見此五金的應用，既能順利下拉開啟門片，同時也不用擔心拿取物品時會撞到或卡住。

攝影｜江建勳 產品、場地提供｜寶豐國際有限公司

攝影｜江建勳 產品、場地提供｜寶豐國際有限公司

圖片提供｜演拓空間室內設計

圖片提供—演拓空間室內設計

西德鉸鍊

蓋 6 分設計，遮擋櫃體厚度

玄關入口櫃體開闔選搭西德鉸鍊，並結合蓋 6 分設計，當門片關起來時，可以完全遮住櫃體的厚度，而右側弧形牆面則是利用緩衝鉸鍊施作房門，讓房門與牆面整合打造優雅的弧形線條。

隱藏鉸鍊

用隱藏鉸鍊來做接合，不怕它會外露

櫥物櫃體門片除了使用西德鉸鍊做接合之外，也可以使用隱藏鉸鍊（即暗鉸鍊），由於它是嵌入至門片與側板內，能夠不用怕五金會外露影響美觀性的問題。

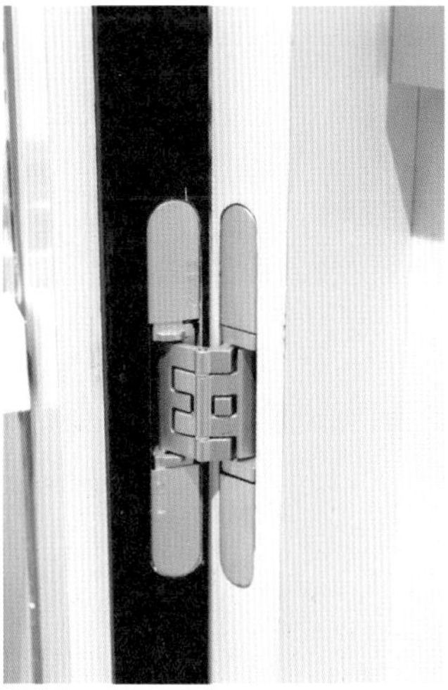

攝影｜江建勳 產品、場地提供｜寶豐國際有限公司

攝影｜江建勳 產品、場地提供｜寶豐國際有限公司

Type 1-3 門弓器

特色解析

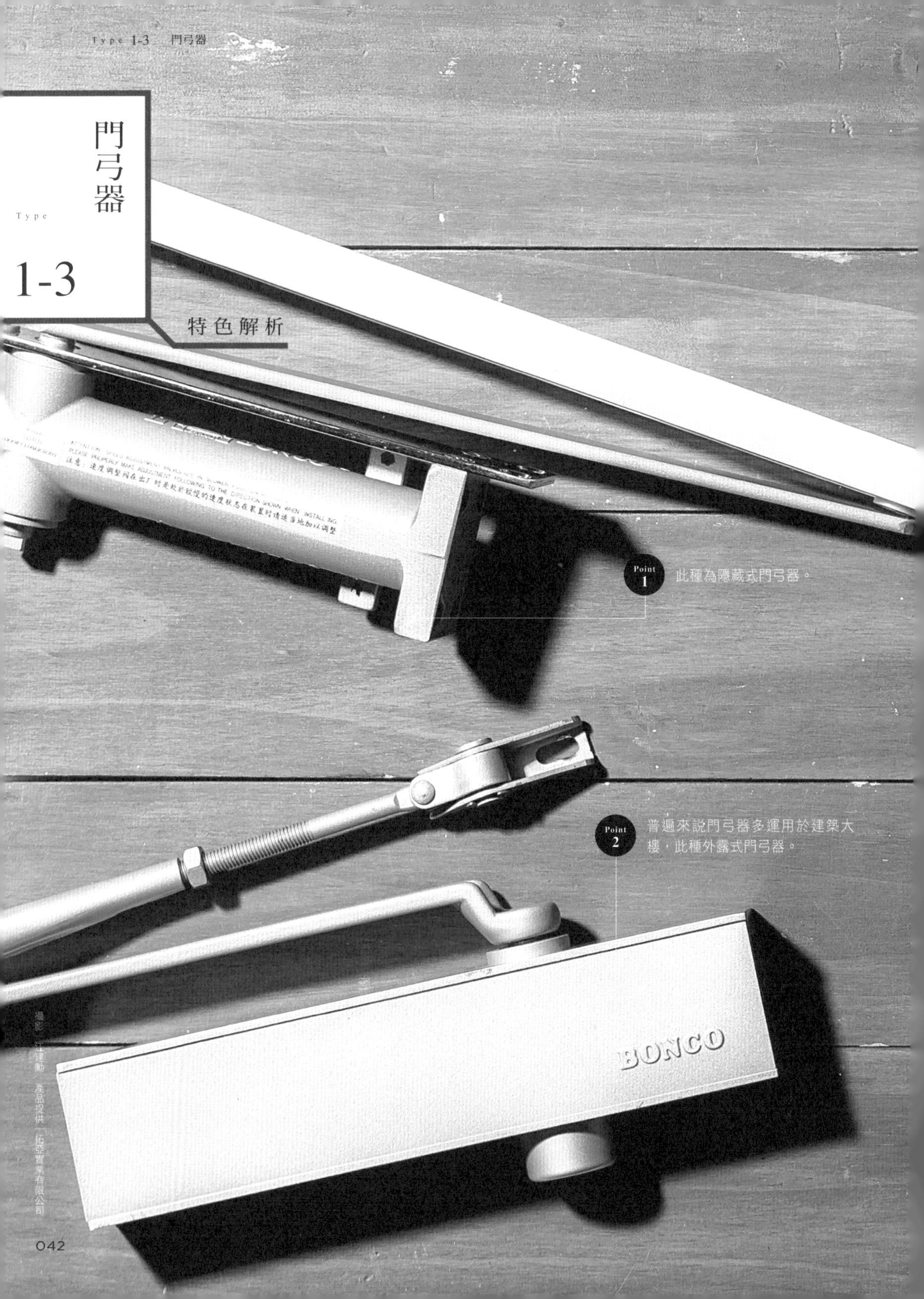

Point 1 此種為隱藏式門弓器。

Point 2 普遍來說門弓器多運用於建築大樓，此種外露式門弓器。

攝影｜江建勳 產品提供｜拓亞實業有限公司

門弓器就是屬於閉門器的一種，能協助門回復定位，常見形式為「外露式」與「隱藏式」。

門弓器

門弓器是能夠讓門自己關上的一種機械裝置，同樣透過油壓系統將門自動帶上。正因為門弓器具備自動關上的功能，此五金裝置常出現在公共大樓的出入口門、逃生門、防火門……等，住家一般來說較為少見。門弓器主要以油壓機體與懸臂門弓器組成，常見形式為「外露式」與「隱藏式」，前者的機體會外露出來，後者則可以將基座藏於門片裡。門弓器同樣也是以油壓裝置為主，具備了自動回歸與緩衝的功能。

施工＆使用注意事項

* 使用門弓器還需搭配鉸鍊，透過鉸鍊承載住門片，再藉由基座與懸臂啟動門片的開啟與關閉動作。
* 門弓器主要是靠懸臂讓門做展開、閉合的動作，考量回關力距問題，其門寬是一大決定因素，因此選用時得留意門寬大小，並依照門寬、門重選擇適用的號數與載重。
* 門弓器有適用於左、右開門的問題，在選用前得先決定好開門方向，才不會出現選用或安裝錯誤的情況。
* 相較於使用門弓器的門片材質均較厚重，在鉸鍊的選擇上其所含的培林又更為重要，建議可選含有4個培林的鉸鍊，承載性更為充足。

Type 1-3 門弓器

案例運用

攝影－余佩樺

門弓器

門弓器普遍運用在公共空間

由於門弓器具有讓門自己關上的作用，普遍用在公共空間居多，像是出入門、逃生門、防火門等，當一般人在經過後，可以自行將門帶上。

門弓器

外露式主要鎖於門片內側上

早期的門弓器以外露式居多，主要是鎖於門片內側上，為了整體的外觀好看，後期則有推出隱藏形式，能將基座藏於門片中，不失功能又兼具美觀性。

攝影—余佩樺

Type 1-4 把手／取手

特色解析

把手（或稱取手）主要是用來開啟門、櫃體、抽屜等裝置的五金配件。把手與取手的安裝有單、雙孔之分，前者以 1 根螺絲鎖住，後者則為 2 根螺絲，因此也有許多不同種類的「單孔把手」、「雙孔把手」在市場上流通。常見把手材質為：銅、鋅合金、不鏽鋼。

門類把手／取手

水平把手　將把手安裝成水平狀態統稱為水平把手，是目前市場上很普遍的把手形式。

球型把手　球型把手即把手部分呈圓球或橢圓球狀，不少室內房門仍在使用。

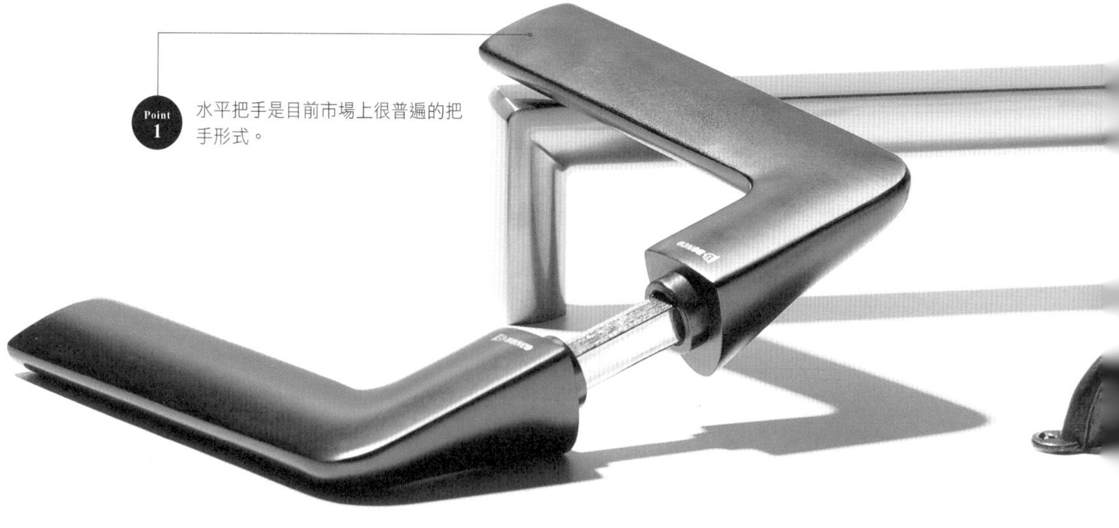

Point 1 水平把手是目前市場上很普遍的把手形式。

攝影｜江建勳　產品提供與來源｜拓亞實業有限公司、協進傢具五金製造廠

戶引槽（或稱凹槽、豬槽、內凹把手）

戶引槽形式把手，內凹鏤空為一大特色，通常要用嵌入方式固定。

門環（拉環）

即安裝在門片上的拉手，過去多用於大門，現今住家裡偶也有人使用。

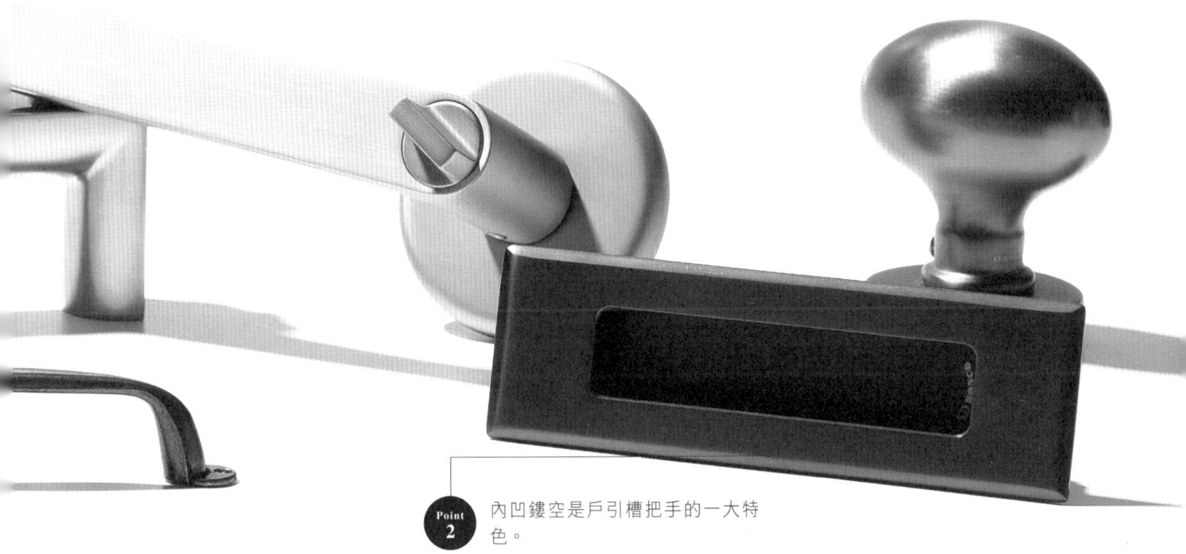

Point 2 內凹鏤空是戶引槽把手的一大特色。

每個把手有其有所適合的門厚距離，選擇款式前最好先了解自家門片的厚度，才能找到理想、適合的把手。

僅安裝把手無法將門完全扣上，應要搭配其它五金如鉸鍊、龍吐珠……等，能夠讓門片位於閉合位置，但不具備鎖與栓住的作用。

施工＆使用注意事項

Type

1-4

把手／取手

特色解析

櫃體、抽屜把手／取手

造型把手

顧名思義即透過設計讓把手的線條、樣式更多元，並輔以材質、獨特的表面等，增添把手的獨特性。鑾常運用在櫃體、抽屜，增加造型變化也呼應風格。單孔、雙孔形式均有。

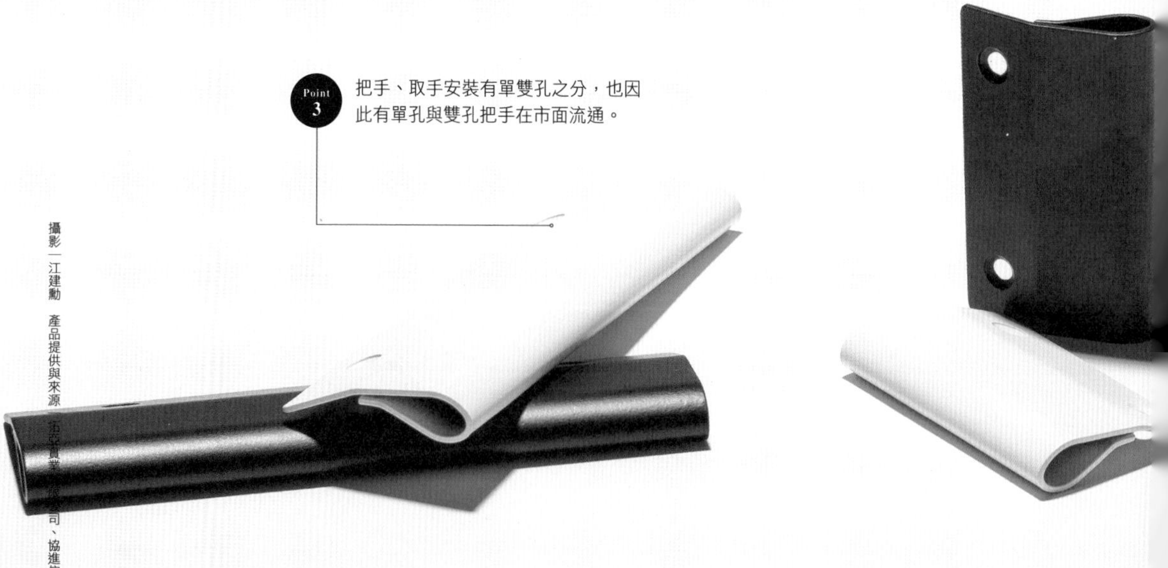
Point 3
把手、取手安裝有單雙孔之分，也因此有單孔與雙孔把手在市面流通。

攝影－江建勳　產品提供與來源－石[illegible]實業有限公司、協進傢具五金製造廠

拍門器（或稱拍拍手）

顧名思義即透過設計讓把手的線條、樣式更多元，並輔以材質、獨特的表面等，增添把手的獨特性。鑾常運用在櫃體、抽屜，增加造型變化也呼應風格。單孔、雙孔形式均有。

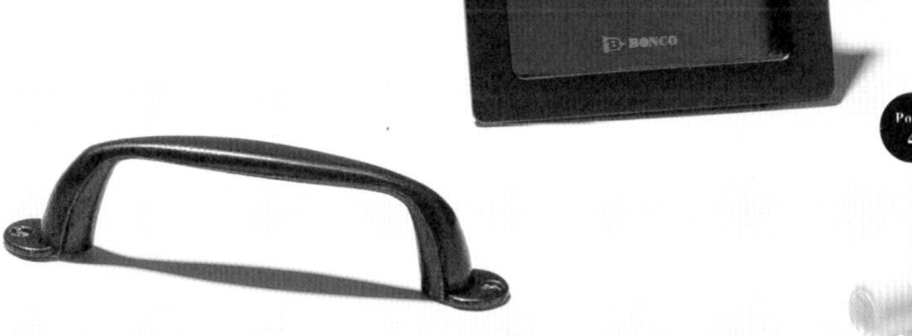

Point 4 拍門器又稱為拍拍手，常用於櫥櫃或抽屜。

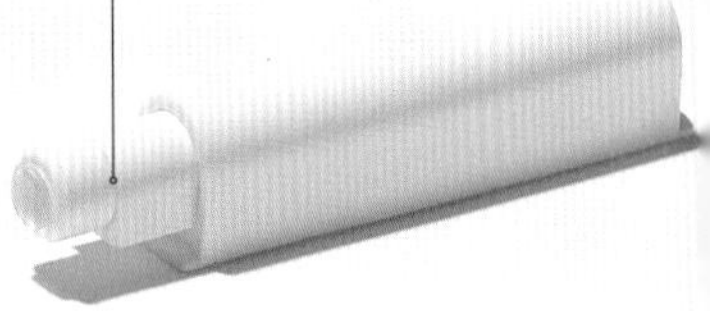

若想自行更換把手時，單孔把手要留意螺絲長度，本身零件厚度還要再加上門厚度，若太短會出現無法鎖上的情況；雙孔把手則要注意新把手與舊把手的孔距（即孔與孔之間的距離）是否能吻合，若孔距不同會無法完整鎖上。

施工＆使用注意事項

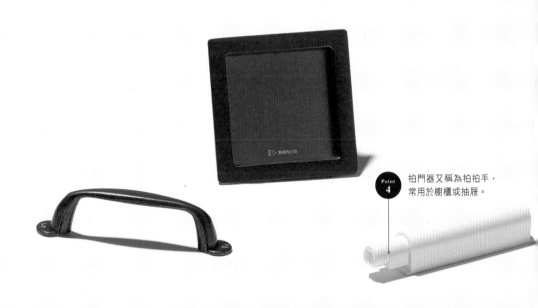

Type 1-4 把手／取手

案例運用

圖片提供｜日作空間設計

把手

黑寬版取手施力、使用更便利

以深淺木紋交織而成的主臥房，衣櫃取手特別選用簡鍊的黑色，與淺木紋色彩對比強，加上長方寬版造型，使用上直覺性更高之外，也較好施力。

水平把手

水平把手使用性相當普遍

水平把手造型簡單也好操作，經常出現在各式居家空間設計裡。其能透過表面塗裝技術創造不一樣的色彩變化，替設計增添些許設計美感，也提供了更多的選擇性。

圖片提供｜日作空間設計

圖片提供｜維度空間設計

圖片提供｜演拓空間室內設計

拍拍手

輕輕一壓
門就會自動彈開

由於該空間環境無法加裝立體把手，於是設計者在櫃體內結合層板位置處加裝了拍門器（即拍拍手），只要輕輕一壓門片就會自動彈開，不影響使圖用功能，也能讓櫃體立面更簡潔。

內凹＋水平把手

內凹把手
讓門片更簡潔一致

若不喜歡把手突出來一塊的模樣，那麼可以善用所謂的戶引槽，即內凹把手來取代，嵌入到門片裡，藉由內凹鏤空來做開啟、閉合門片之用，同時又能與門片造型收齊一致。

造型把手

把手設計與空間風格相呼應

把手運用到空間中具有畫龍點睛的效果，不單只是提供抽屜、門片開啟功能，有時透過其本身具有的特殊造型設計，吸睛又能做到與風格相呼應。

圖片提供｜維度空間設計

圖片提供｜維度空間設計

鎖類

Type

1-5

特色解析

各式各樣的鎖，其主要為一種防護裝置，藉上鎖防止非自願開啟。鎖，多半經常用於各式門類上（一般門、櫥櫃門），但偶爾也有人有在抽屜加裝鎖的需求，就市面上常見的門類鎖、抽屜鎖做說明。

門類鎖

勾鎖

運用門的範圍廣，舉凡拉門、一般室內房間門均有使用，造形上較特別的差異在於，喇叭鎖上的方舌在勾鎖中變成了勾狀，藉由這個勾扣將扣住門，防止門移動或脫開。

Point 1 勾鎖即是利用鎖中的勾扣扣住門。

攝影｜江建勳　產品提供｜拓亞實業有限公司

水平鎖

水平鎖是從喇叭鎖衍生而來的，即水平狀態的把手中加裝有鎖芯，使整體具有鎖的功能。

喇叭鎖

是最普遍常見的鎖具，針對房間、廁所又有所區別。像是廁所多為無鎖芯設計，透過硬幣即可從外面隨時開啟，房間的則有鎖芯卡榫設計，需要用鑰匙控制上鎖與解鎖。

Point 3 喇叭鎖是用於門上最普遍的鎖具。

Point 2 各式各樣的鎖，其主要為一種防護裝置。

至於在安裝上，首先要留意門片厚度，因門框必須放上受片口，若無法對應該門厚度，也會影響使用功能；另外則要注意門邊距到鎖芯正中心的距離（即Backset），若購置到非常用規格，將來維修不易。

鎖類

Type

1-5

特色解析

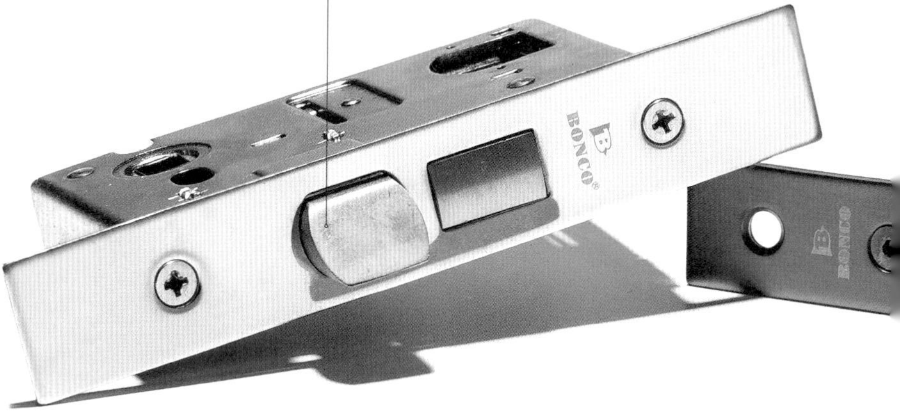

Point 4 上為斜舌，做成斜狀主要方便將門關上；下則為方舌（或稱方銅）。

輔助鎖

如果使用水平或無鎖功能的把手時，會加再加裝 1 個鎖頭，即多半稱為「輔助鎖」，提供門鎖功能也成為此門的主鎖。

鎖匣式／分體鎖

將過去各自獨立的把手與鎖頭整合在一起，各自功能不受影響，也能讓鎖與把手的樣式、色系更具一致性。或是在鎖體不變下，只要透過把手飾蓋即可做造型上的小變化。

攝影—江建勳 產品提供—拓亞實業有限公司

Point 5 鎖匣式門鎖將把手與鎖頭整合在一起，讓樣式、功能、顏色更一致。

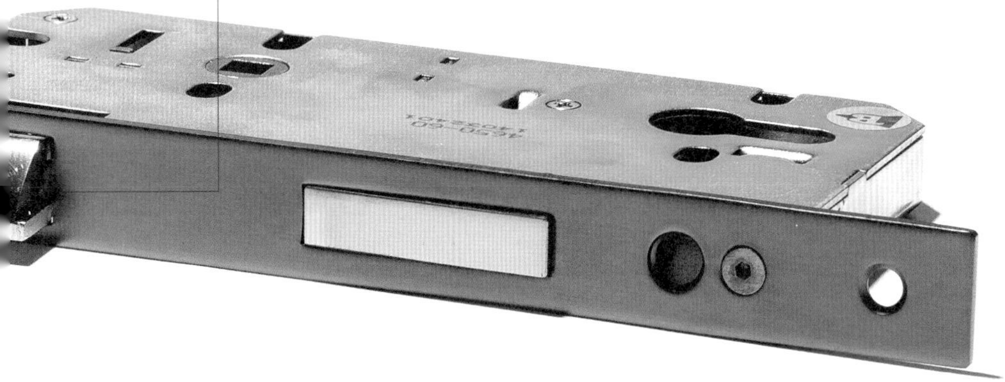

鎖主要分美規、日規、歐規3種，這3種在台灣都人有使用。美規鎖的鎖頭（即鑰匙孔）位於上方、呈圓狀，與把手距離較遠；日規鎖的鎖頭同樣在上方，但與把手的距離較近；歐規鎖的鎖頭在下方，且葫蘆鎖芯且芯可抽出來，方便於更換鎖頭時替換。

美規鎖強調安全逃生，有加入「One action」功能，轉開把手即可解鎖，緊急事故發生時能快速解開門鎖逃生；日規鎖鑰匙孔位於上方便於尋找，但缺點是鑰匙容易常打到把手；歐規鎖則相反，找尋鑰匙孔時得閃點角度才能找到。

鎖類

Type

1-5

特色解析

暗鎖

櫥櫃鎖

即指鎖嵌在是固定安裝在門、箱、櫃體、抽屜上且不外露，只有鎖孔露在外面，一般得要用鑰匙才能鎖上。

抽屜鎖

運用在抽屜中最常見的是抽屜鎖（也有人稱肚臍鎖），能夠將抽屜做閉鎖的動作，多須以鑰匙等物件來做開啟。通常抽屜立板不會太厚，故斜舌的部分跟門鎖很不一樣，偏屬於長扁狀。

圖片提供｜演拓空間室內設計

鎖安裝在門片上有左右開的問題，記得要選與門同樣開啟方向的鎖。

施工＆使用注意事項

Point 6 暗鎖最特別的是只有鎖孔露在外面。

鎖類

Type

1-5

案例運用

圖片提供|FUGE 馥閣設計

輔助鎖

聰明選色，創造不退流行的對比經典

純白的門片中，設計者選擇搭配深色的把手與輔助鎖，創造出不退流行的對比經典。刻意將使用功能做區分，為的就是平時可單以把手做門片開闔的動作，有需要時可再透過輔助鎖提供鎖的功能。

門類鎖

讓實用鎖具也能美得純粹

帶點輕工業感的空間裡，在入口門片上裝上銀色水平把手與輔助鎖，恰好與一旁管線質感相呼應，另外簡單的線條與材質，也讓實用鎖具帶出純粹的美感。

輔助鎖

依需求隨時切換出合宜的開關

現代人鎖室內門機率不大，但設計者考量到使用者可能偶有需求，還是特別在水平把手上多加裝 1 個輔助鎖，以備不時之需也多一層安全防護，更重要的是，可依需求隨時切換出合宜的開關。

圖片提供—今硯室內裝修設計工程

圖片提供—維度空間設計

圖片提供＿維度空間設計

輔助鎖

透過鎖具、把手，突顯立體感

將整體空間當作畫布概念，在牆面上除了透過材質、色彩表述味道之餘，設計者也在鎖具、把手的選擇上花了點巧思，刻意挑選帶點方正的款式，用來突顯環境中的立體感。

抽屜鎖

抽屜加道鎖，讓使用多層防護

如果抽屜內有要放貴重物品時，建議在規劃時可在其中加個抽屜專用的鎖，必須得透過鑰匙才能將它打開，也可以多層保護。抽屜鎖通常只有鎖孔露在外面，很簡單的造型，並不太會影響整體美觀。

喇叭鎖

喇叭鎖＋鐵門鎖，提升居家安全

全新更換老屋實木大門的喇叭鎖，同時搭配鐵門鎖，加強居家安全。隨著使用次數增加，若門片久了出現下垂、門鎖也有鬆動難以關闔的情況，建議可調整受口內的受口盒位置，即可獲得改善。

圖片提供｜日作空間設計

圖片提供｜今硯室內裝修設計工程

Type

1-6 門擋／門止

特色解析

門擋、門止，主要用於防止門片過度開啟，是具固定門片位置與開合角度功能的五金零件。

門擋／門止

Point 1

門擋其物理性質中鑾常是以磁性原理來產生作用，有效讓門停在適當的位置。

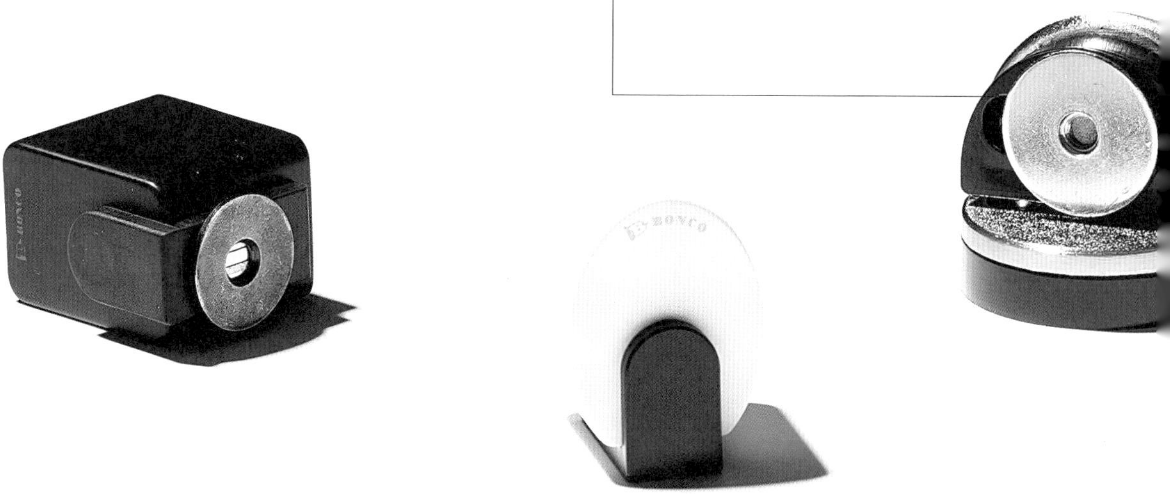

攝影｜江建勳　產品提供｜拓亞實業有限公司、協進傢具五金製造廠

門擋也有人稱作門止，用於防止門片過度開啟，並且能有效控制門開闔的角度，讓它停在適當的位置。此外，門擋也能夠防止門或突出把手與門鎖碰撞到牆，不用擔心牆面上會有把手印、鎖印等。門擋通常有鎖牆上與鎖地上兩種方式，鎖牆與鎖地有時是環境考量，像是衛浴空間因擔心碰壞其中的防水，多半會選擇鎖牆面上。材質：不鏽鋼、銅、鋁、塑膠等，主要是利用磁性、彈簧、機械等來做吸附與停止等動作。

Point 2 門擋形式很多樣，一字型也是居家常用的款式之一。

門擋安裝在地面上時也要留意距離問題，不要影響動線為主，離牆距離要注意，否則容易有踢到的情況。

於是靠門擋本身的磁力、彈簧、機械等吸附門片，因此選用時門的重量要特別留意，若超過荷重功能性可能會不理想。

安裝環境也很重要，若相當靠近居家中的出風口，其風壓等也要納入考量，否則環境本身風壓過大，仍有可能吸附不了。

Type 1-6 門擋／門止

案例運用

攝影｜江建勳 產品提供｜拓亞實業有限公司

門擋

吸磁力量
將門片吸附住

磁力門擋是常見的形式之一，藉由所含有的吸磁力量，便可將推開後的門片給吸附或是固定住，而不會搖來晃去。

門擋

功能雙倍，門擋結合掛鉤

為了讓門擋的功能不只有單一項，五金製造者將門擋與掛鉤整合在一起，上方是防止門直接碰撞到牆，下方鉤鉤則是可以吊掛衣服之用。這種形式蠻常運用在捷運廁所或是住家衛浴空間裡。

門擋

有了門擋，門片不再亂亂跑

為了不讓把手、門鎖碰撞到門，在空間中裝入了門擋，每當推開門時，能透過門擋的磁力作用，讓門停在適當的位置。

攝影—余佩樺

圖片提供—今硯室內裝修設計工程

圖片提供—今硯室內裝修設計工程

Type 1-7 門閂／地栓／天地栓

門閂、地栓、天地栓主要在於固定門片之用，但並不代表具有完全鎖住、鎖上之功能。

特色解析

門閂、地栓、天地栓

Point 1 無論地栓、門閂、天地閂，其最主要僅在提供固定門片之用。

攝影—江建勳　產品提供—亞實業有限公司、龍江五金行

使用門閂、地栓、天地閂，不論是以螺絲釘鎖住或鑿入，記得都一定要安裝確實，才不會發生門片不完全固定的情況。

若這類五金是要使用在室外大門，選擇時切記要留意五金本身是否通過鹽霧測試，即金屬產品的抗腐蝕力，若有通過測試就能大概知道該五金使用多久後會開始生鏽，預先做好更換也不影響門的本體。

施工＆使用注意事項

門閂通常置於門片的中上開口，地栓則配置於門片的下開口，然而除了門閂、地栓，還有所謂的天地閂，這是可同時固定門片的上下開口，現在多以上下均為分離的單一組件共同構成。早期門閂、地栓、天地栓等多半都依附在門片上，但隨技術革新，這些五金已可內嵌於門的表平面或側面，提供完善功能也能維持門的美觀性。材質常見：不鏽鋼、鐵、鋼等。

Point 2

為加強防護，不少學生租屋中仍能看到門片中門鎖結合門閂的使用。

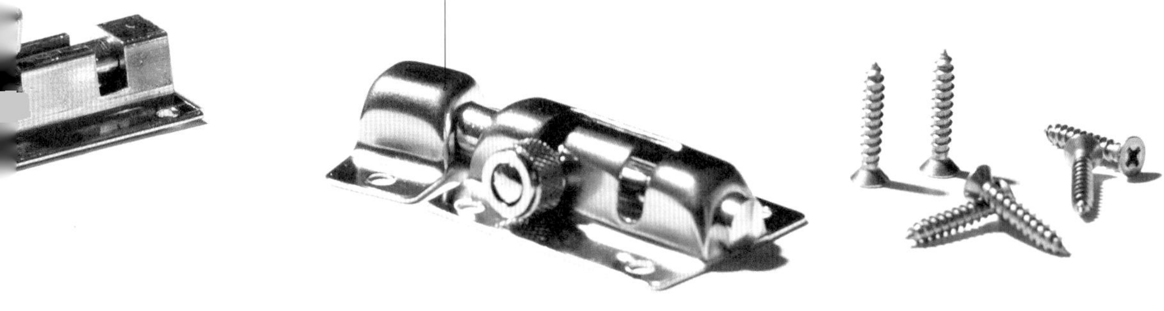

Type 1-7 門閂／地栓／天地栓

案例運用

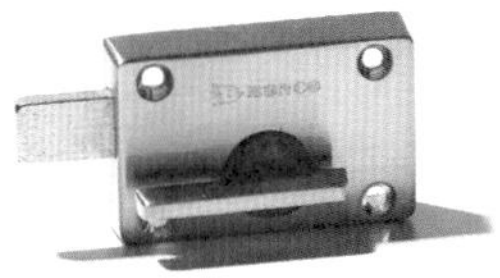

攝影－江建勳　產品提供－拓亞實業有限公司

門閂

透過設計改變門閂印象

為打破過往門閂的印象，有業者試圖在門閂的造型上加以著墨，藉由設計讓門閂的樣式、線條更有所不同。雖說是固定門片之用，但也增添些許的美觀性。

地栓

讓門有個專屬的固定停頓點

無論地栓還是門閂，他們最主要的功能是在於固定住門片。一般來說，住家室內門較少見，但公共空間的出入口門就蠻常使用，時而需要將門全打開時，透過地栓就讓門有個專屬的固定停頓點，也不會晃來晃去的。

攝影－江建勳　場地提供－寶豐國際有限公司

地栓

安裝於門內側，不影響美觀性

無論門閂還是地栓，其安裝位置多半是門片內側，在有需要時可以發揮它的作用，同時又不會影響或破壞到門的美觀性。

天地栓

因應子母門特別加裝了天地閂

因必須在空間加裝 1 道子母門，設計者特別在門片較小的那側加裝了天地栓，平時可以發揮固定住門的作用，需要展開門時，輕輕一撥則就能讓門全部打開。

攝影｜Virginia Yang

圖片提供｜演拓空間室內設計

滑軌

Type

1-8

特色解析

滑軌常見用於抽屜側邊或底部，另外伸展桌也很常見，其主要功能在於經把手抽出抽屜或桌面時，能順勢將它們給抽拉出來。

抽屜滑軌

自走式滑軌

出現較早的抽屜滑軌為「自走式滑軌」（或稱滾輪式滑軌），滾輪結構簡單，主要由滑輪與兩根軌道構成，軌道多存在於抽屜的側邊。由於此軌道的滑輪多為塑膠材質，既不耐重，長時間磨損下來容易斷裂，連帶也會影響抽屜的使用。

滾珠／鋼珠滑軌

「滾珠／鋼珠滑軌」是自走式滑軌之後的發明，以鐵板成型並利用滾珠作為滑動裝置，分二節與三節形式，前者無法讓抽屜達到全開，市場上已逐漸少用，後者可使抽屜達到全開，是目前較普遍的使用形式。同樣地，這類的軌道多存在於抽屜的側邊。為了讓滑軌更好用，也有業者在之中加入自動回歸功能，減少開合時的噪音。滑軌規格主要依長度來計算，每 5cm 為 1 單位，最短為 25cm、最長則為 90cm。

攝影－江建勳 產品來源－龍江五金行

抽屜製作因無法調整直角誤差，尺寸使用上必須精準，同時安裝要注意縫細問題，否則在不平整情況下硬塞入抽屜櫃裡，既會破壞軌道，抽屜也無法正常使用。

滾珠／鋼珠滑軌是以滾珠作為滑動裝置，其沾黏上粉塵便會影響操作性，建議裝潢過程中，裝置完成後要注意防塵，以免粉塵跑入影響軌道的使用。

施工＆使用注意事項

Point 1

滾珠／鋼珠滑軌有分二節與三節形式，因三節式可使抽屜達到全開，是目前較常使用的款式。

Point 2

自走式滑軌為較早出現的抽屜滑軌，既不耐重也無回歸緩衝功能。

滑軌

Type

1-8

特色解析

Point 3 隱藏式木抽、鋁抽，都是將軌道移至抽屜下方。

Point 4 木抽的側板材質為木質，鋁抽的側板材質則為鋁。

攝影｜江建勳　產品、場地提供｜寶豐國際有限公司

隱藏式木抽／鋁抽

為了讓抽屜更為美觀，而後則開始有了所謂的「隱藏式木抽（簡稱木抽）」與「隱藏式鋁抽（簡稱鋁抽）」。所謂隱藏式即指將抽屜側邊的滑軌移至抽屜底部，木抽則是抽屜側板為木質，鋁抽的側板材質則為鋁。由於台灣環境較潮濕，普遍來說，木抽多半用於衣櫃、置物櫃等，鋁抽則多用在廚房的櫥櫃裡。

滑軌

Type

1-8

伸展桌滑軌

為了在有限空間中增生更多機能，於是有了所謂的伸展桌軌道，它是一種可用來收納桌板、檯面的功能性五金。它常被安裝在餐櫃或櫥櫃裡，藉由軌道結合檯面或桌板，經拉出後即可延展出 1 座料理台或 1 張餐桌，用畢推收回去即可，既不佔空間又能滿足日常生活的使用機能。伸展桌滑軌材質多為不鏽鋼或鋁，有別於滾珠滑軌以滾珠搭配珠槽來產生滑動功能，而是直接將軌道緊扣合在一起，因為是直接接合住，中間不會有縫隙存在，其承載性就高出許多。

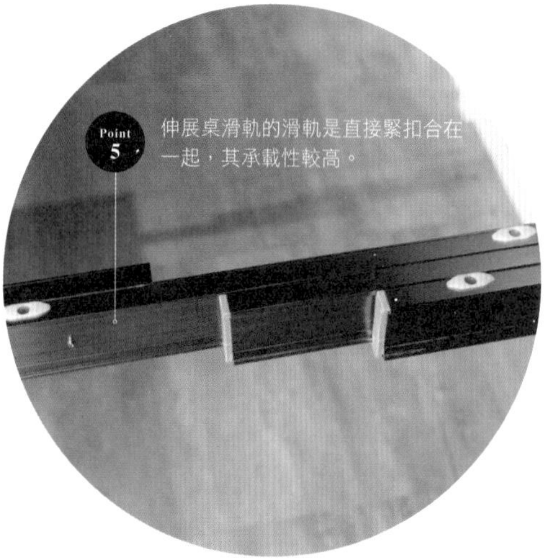
Point 5
伸展桌滑軌的滑軌是直接緊扣合在一起，其承載性較高。

攝影｜江建勳 產品、場地提供｜寶豐國際有限公司

由於伸展桌滑軌可依空間環境創造出不同長度的桌面，由於多半會再創造出吧台或餐桌，其承載性更是要留意，特別是桌面若有要再使用不同的材質，其重量都要細細思量。

施工＆使用注意事項

Point 6 拉出來的餐桌、吧台或工作台，可依需求決定有無桌腳。

滑軌

Type

1-8

案例運用

滾珠／鋼珠滑軌

鋼珠式滑軌 多存在於抽屜側邊

一般常見的滾珠或鋼珠滑軌，多存在於抽屜的側邊，仍是目前裝潢市場上常使用的滑軌設計之一。其中三節形式也較為常見，因為能達到全開，較能輕鬆拿取到內層物品。

隱藏式鋁抽

鋁抽好清潔，常被運用於廚房中

由於鋁抽的側板面材為鋁，其本身不怕濕氣、水氣，另外也相當好清潔，因此常被用於廚房櫃子中。另，鋁抽又分低抽、中抽、高抽，藉由增加桿子創造出不同的使用空間。

攝影｜Sam

攝影—王正毅

圖片提供｜維度空間設計

攝影—江建勳

滾珠／鋼珠滑軌

加入緩衝功能，增添安全性

愈來愈多使用者在抽屜軌道選擇上，會加註要挑選有自動回歸與緩衝功能款式，除了更趨好用外，也於安全性也大幅提升。

隱藏式木抽

軌道安裝於抽屜下方，側邊清潔更方便

有別於過去安裝軌道方式，改將裝置於抽屜下方，大幅提升抽屜的美觀性與質感，再者抽屜本身也變得更好清潔，另外，其中的空間也不用擔心被壓縮，進而影響到使用容量。

圖片提供｜日作空間設計

圖片提供｜日作空間設計

伸展桌滑軌

抽拉之間，創造收放自如的機能

軌道也能作為櫃體層板或工作台出入活動時的五金配件，只要輕輕抽拉出來，即能變化出一個完整的餐桌，家人們可以在這享受美食餐點。

攝影—江建勳 產品、場地提供—寶豐國際有限公司

隱藏式鋁抽

一壓即開功能，提升便利性

愈來愈多抽屜櫃呈現的是無把手形式，因此有業者將一壓即開的功能結合於軌道上，輕鬆按壓即可彈開抽屜，除了更為便利之外，櫃體面板也更為簡潔，產生出一致性的美感。

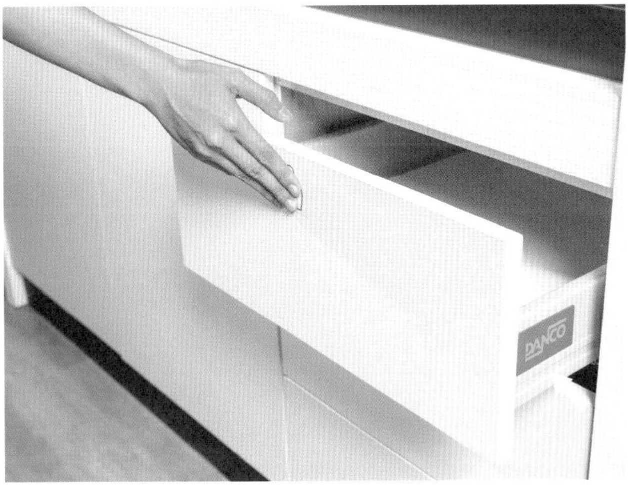

攝影—江建勳 產品、場地提供—寶豐國際有限公司

撐桿

Type

1-9

特色解析

Point 1 隨意停撐桿其優勢在於能夠讓門片開啟角度停在所需位置。

Point 2 氣壓棒形式是常見的是撐桿種類之一，另也有一字形式，可依需求做樣式選擇。

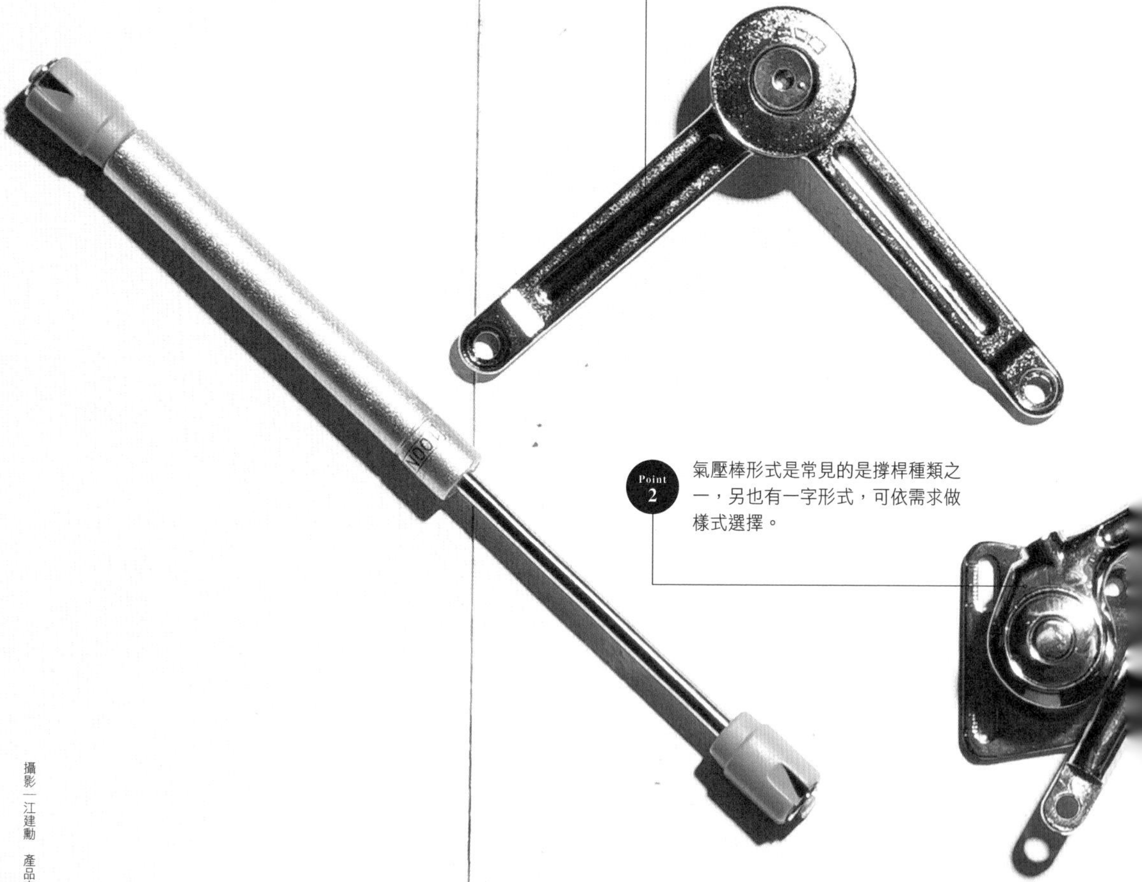

攝影—江建勳 產品來源—協進傢具五金製造廠

撐桿主要提供於上掀式門片或下掀式門片之櫃體、傢具，在開闔時能給予拉緊或支撐的作用。

撐桿

撐桿主要常用於上、下掀式櫃體的門片，早期這類開啟方式的櫃體，僅靠西德鉸鍊在做開闔動作，但因開關速度太快，易有夾傷手的情況產生，因此，有了撐桿配件的誕生，讓開啟時能提供拉緊或支撐作用。撐桿常見為氣壓棒形式，因內含氣壓，在回關門片時能具有緩衝作用；另一常見的為多角度可調形式（或稱可隨意停），其優點是能夠讓門片開啟角度停在所需位置。

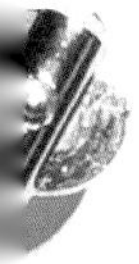

撐桿

Type

1-9

特色解析

撐桿

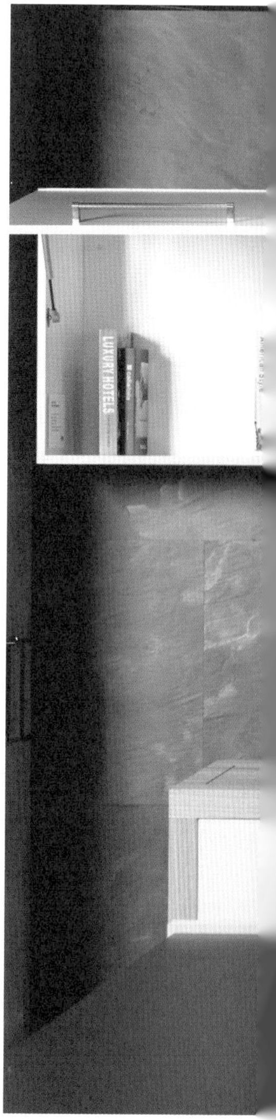

會在廚房櫥櫃、臥室衣櫃規劃上下掀形式櫃體，為的就是在有限環境內爭取足夠的置物空間，除了透過垂直上掀五金、上掀折門五金引導門片做開闔動作外，普遍常見的就是以西德鉸鍊結合撐桿，來作為櫃體門片上下掀開闔的運用。無論是使用哪一種五金，亦或是哪一種掀門方式（上掀或下掀），除了要依據使用者身體做出最適合的高度設計外，另也要記得預留好櫃體門片啟後的擺放空間，不然容易造成使用上的不順。

攝影｜江建勳 產品、場地提供｜寶豐國際有限公司

上、下掀式櫃體的門片的閉合速度相當快，且除了板材還有面材重量，建議使用這類型式的櫃子時，一定要加裝撐桿來做支撐，才不會有夾傷手的問題發生。

上掀、下掀的作用方向不同，選用時一定要挑對方向性的撐桿，同樣地也有承載公斤數限制，使用時務必也要將門板重量、高度與尺寸納入考量。

施工＆使用注意事項

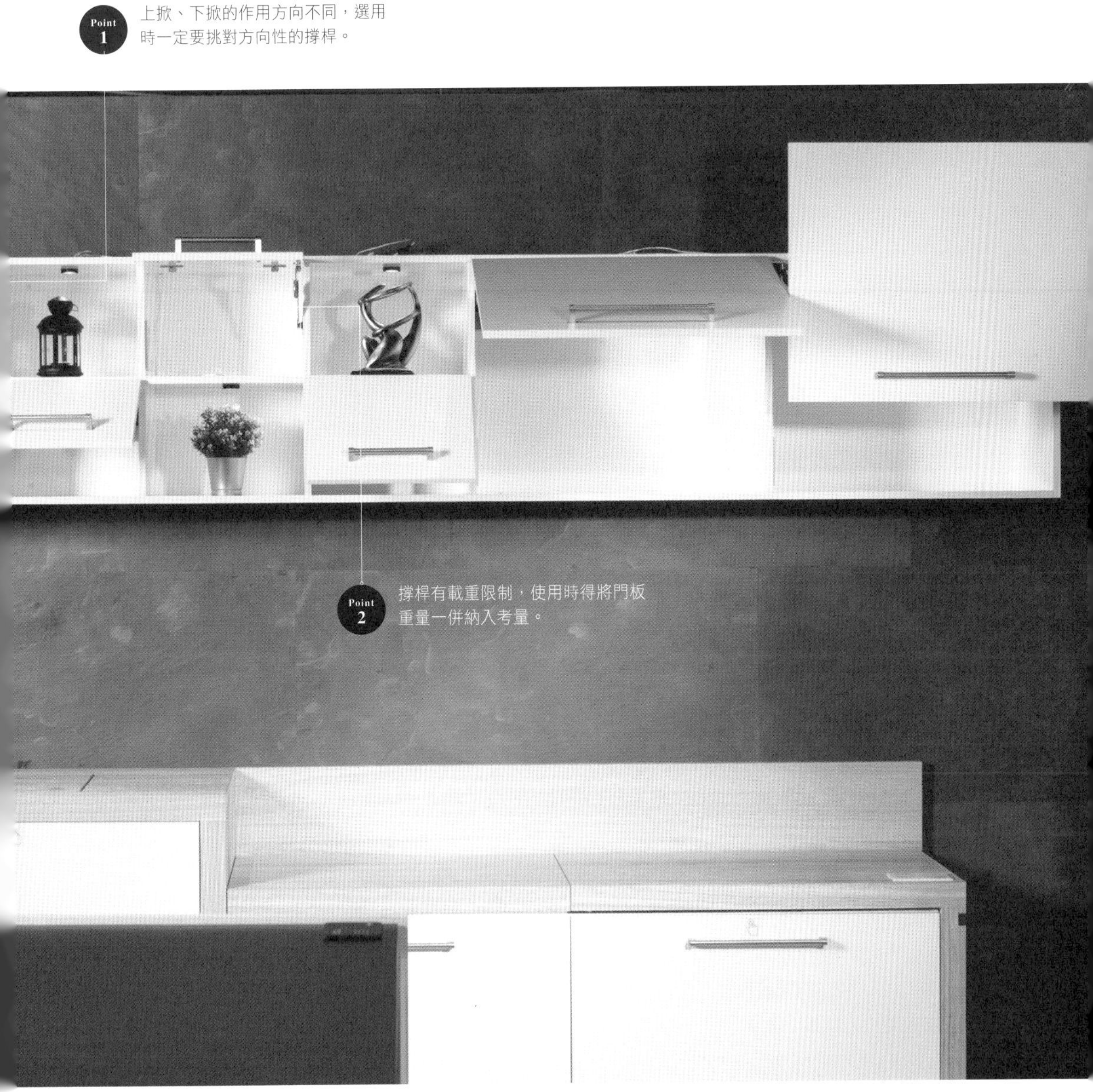
Point 1
上掀、下掀的作用方向不同，選用
時一定要挑對方向性的撐桿。
Point 2
撐桿有載重限制，使用時得將門板
重量一併納入考量。

撐桿

Type

1-9

案例運用

上掀撐桿

加裝撐桿增加掀門時的支撐性

因應空間需求設置上掀門形式的收納櫃，為了加強提撐性與安全性，除了西德鉸鍊之外，設計師也特別添加了撐桿五金，好讓使用者在掀開門片時更無虞。

圖片提供—FUGE馥閣設計

圖片提供｜構設計

上下掀撐桿

善用各式撐桿，巧思機能多

為了迎合屋主的收納需求，於空間牆面、地面增加了更多收納機能，其中地面收納櫃以上掀式撐桿，衣櫃下沿處使用的為下掀式撐桿，方便拉開收納各式物件。選用撐桿五金時也選擇具油壓緩衝裝置的款式，為的就是要能減緩闔闔時的衝擊，同時也避免小朋友夾傷手。

上掀撐桿

門板重量成為選用撐桿種類的影響關鍵

此收納櫃桶身較大，相對地，所對應之上掀門片較大且板材較重，因此在加裝撐桿時就有將門板重量一併納入，好讓掀門時可以有足夠的力量撐起門片。

圖片提供｜FUGE 馥閣設計

圖片提供｜FUGE 馥閣設計

櫃內配件

Type

1-10

特色解析

櫃體有著基本的長、寬、高度尺寸，為了讓它更好使用，其內部還會再搭相關配件如：高身櫃與低身櫃、轉角小怪物、抽屜籃架與盤籃、吊衣桿、網籃、旋轉盤等，讓內部空間能做出不同的有效安排。

高身櫃／低身櫃

高身櫃即是尺寸上較高的櫥櫃，是在廚房轉角處或是廚具兩側處常見的櫃體，由於尺寸較高，收納量大也能儲放較多的東西。高身櫃通常是直拉抽取出來較多，裡頭會搭配不同的盤籃、網籃等，可用來收納乾貨、雜糧、零食……等，通常高身櫃都會做全開式，一目了然且方便拿取各式存放物品。相較於高身櫃，低身櫃的尺寸就小很多，其多半設置在爐台或流理台檯面下的兩側，也有人稱之為小側拉，由於低身櫃與爐台最為靠近，不少人讓其用來收納常用的調味罐，烹煮時只要拉開就能拿到調味料，不需要再走到其他地方拿取，耽誤料理的時間。

攝影｜江建勳　產品、場地提供｜寶豐國際有限公司

高身櫃它有分寬度，每家品牌不太一樣，如：40cm、50cm、60cm等，可依環境與需求做選擇。

高身櫃的層層設計宛如抽屜一般，若想有秩序收納物品，可在其中加入分隔板或是磁鐵分隔架，讓小空間的收納更有效率。

施工＆使用注意事項

Point 1 高身櫃其寬度分：40cm、50cm、60cm等，可環境、需求做選擇。

Type
櫃內配件 1-10

特色解析

轉角小怪物

當所處環境有畸零地情況，或是配置L型、ㄇ字型廚具時，轉角處的畸零空間總是令人頭痛不已。為妥善利用每一塊空間，於是有了所謂的轉角小怪物出現，有點像是藉由滑軌產生運作，而之間的連動推送則可再做轉折變化，因此順勢能將裡層的層架或籃架送出來，改善放置與拿取的不便。

Point 2
藉由五金產生之間的推動，能將裡面的層架順勢送出來。

攝影｜江建勳　產品、場地提供｜寶豐國際有限公司

＊ 小怪物中的連動式層板包含蝴蝶式、花生式……等，隨各家廠商的設計而有所不同，在規劃上可選擇自己順手的收納配件。

施工＆使用注意事項

櫃內籃架／盤籃

無論籃架、盤籃其設計與使用概念跟抽屜很相像，在於提供櫃內更有系統的分類收納。籃架即本身帶有鏤空網格，非屬一完整平面，故物品在擺放時容易出現東倒西歪的情況；盤籃其收納面為面狀，擺放東西不易翻倒、掉落，也很好清潔。

Point 3 盤籃其收納面為面狀，擺放東西不易翻倒、掉落。

其內部也可以加裝如小怪物般的轉角設計，當門開啟時，裡面放置的物品會隨之旋轉而送出。

施工＆使用注意事項

Type

櫃內配件

1-10

特色解析

吊衣桿

吊衣桿主要功能提供吊掛衣物之用，早期普遍的衣桿為圓管，而後則有方管的加入，至於在配置上，普遍來說，分為鎖於櫃體頂板與側板兩種方式，隨各家品牌的設計而有所不同。此外，後期則還有將衣桿結合 LED 設計，讓拿取、找尋衣物更為方便。除了一般衣桿，還有所謂的升降衣桿（或稱下拉式衣桿），將中間拉桿向下拉，即可將高處衣物送到面前，輕鬆又不費力。

網籃

網籃（或稱線籃）即帶有網狀的籃子，屬衣櫃中常見的五金設計，主要提供盛裝衣物品之用，其材質多元，不鏽鋼是最常見的材質，當然也還有其他如鐵材鍍鉻、烤漆等款式，籃架會搭配滑軌使用，讓櫃體內部做有效的分類運用，也能輕鬆拿到內層的衣物用品。

旋轉盤

旋轉盤是因應轉角空間所衍生而來的五金產品，在盤上的軸心中加入可 360° 轉動的五金，只要手輕輕撥便能轉動盤子，方便找到與拿取物品。隨衣櫃、櫥櫃尺寸的不同，有各式的高度與形式。

衣桿安裝高度，依據使用者身高與習慣而定，才能有效發揮出它的實用性。

網籃會結合滑軌共同使用，建議搭配可全開式滑軌，如此一來才好方便拿到內層的東西。

旋轉盤五金有一定的承載限制，切勿堆放過重或的物品，以免影響五金的正常運作。

施工＆使用注意事項

圖片提供－摩登雅舍室內裝修設計

Point 4 吊衣桿常見為鎖於櫃體頂板與側板兩種形式。

Point 5 衣櫃下方收網改做一層層的網籃，能輕鬆找到各式衣物。

圖片提供－維度空間設計

Point 6 旋轉盤只要轉動盤子即可方便找到處於深處的物品。

Type 1-10 櫃內配件

案例運用

攝影—江建勳

網籃

借助網籃幫衣物做好分類

衣櫃內的設計沒有絕對，可依照需求做衣桿吊掛、抽屜、旋轉盤……等形式的設計，或者也可以將抽屜改為網籃，同樣有不同高度、尺寸的網籃，可做不同形式的選擇，直接透過它幫衣物在收放時做好分類。

吊衣桿

升降衣桿拿取衣物好輕鬆

衣櫃內的收納元則除了依據重量做分層分配，另也需要考量拿取便利性。以吊衣櫃來說，除了一般常見的固定式衣桿外，可使用所謂的升降衣桿（或稱下拉式衣桿），在面對高處衣物吊掛，即可輕鬆將衣物取下又不費力。

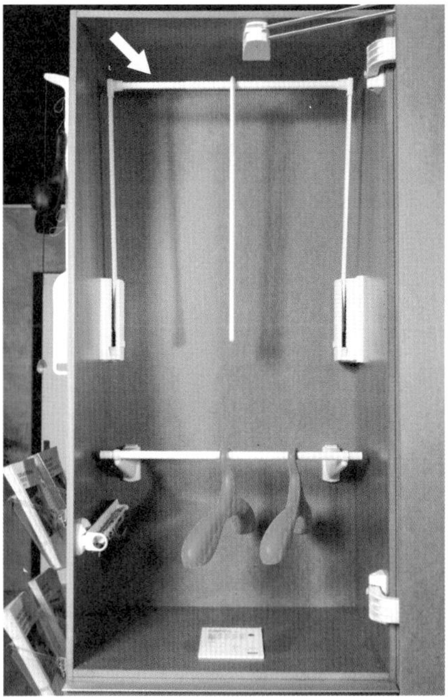

攝影｜江建勳　產品、場地提供｜寶豐國際有限公司

圖片提供｜弘第 HOME DELUXE

轉角小怪物

圓弧線條讓櫥櫃收納更優雅

廚櫃轉角處配置了小怪物設計，讓一般大型廚具用品有了合宜的置放空間。其內層的層架造形彷彿水滴形狀般，由於線條本身帶點圓弧味道，使得在操作時也讓這連動的過程更顯優雅。

旋轉架

輕鬆轉動即可找到所需物

更衣間內配置旋轉拉籃五金，讓轉角櫃體使用無死角，而且就算再深層的東西，只要透過轉動，都能輕鬆地被找到。其它則以吊桿、開放層架為主，提供彈性的收納。

圖片提供—懷特室內設計

圖片提供—維度空間設計

圖片提供｜FUGE 馥閣設計

吊衣桿

讓衣櫃做更切合需求的規劃

衣櫃裡2／3作為收納衣物之用，藉由吊衣桿讓屋主可將依物一件件、有秩序的做吊掛整理；至於另外上方的1／3櫃體，則拿來作為置放行箱、棉被、床套等物品的置放空間，讓衣櫃做更切合實際需要的規劃。

吊衣桿

深藏不露的五金小機關

考量衣物雜物收納時所需要的各種空間，設計師在此處以各式五金增添了更豐富的機能，在其中配置了不同高度的吊衣桿，以方便掛入較長的衣物。另外較特別的是，隱密的保險箱也採取不露鎖的設計配置，更顯安心。

轉角小怪物

連動抽拉，再畸零空間的收納也有得解

廚房收納相當複雜，為了讓空間中的每一寸做最好的安排，設計者選擇在檯面下方設計了轉角小怪物，只要輕輕一拉便可帶動整體的籃架，將餐具用品送至眼前。

圖片提供｜今硯室內裝修設計工程

圖片提供｜橙白室內裝修設計

Type 1-11 抽屜配件

抽屜配件包含抽屜內各式分隔板架、分類盒等，能夠將廚房中會用到的各種小物、調味罐，甚至是食物罐等，做最好的收放。

特色解析

抽屜配件

抽屜分隔板／架

抽屜通常就是一個獨立且完整的置放空間，內部不會再做多做細部劃分，為了不讓物品四處撒落，有了所謂的抽屜分隔板（或稱抽屜分隔架），可將廚房中會用到的各式物品，如：刀叉、餐具、刀具、調味罐……等做有秩序的擺放，物品一目了然更方便拿取。

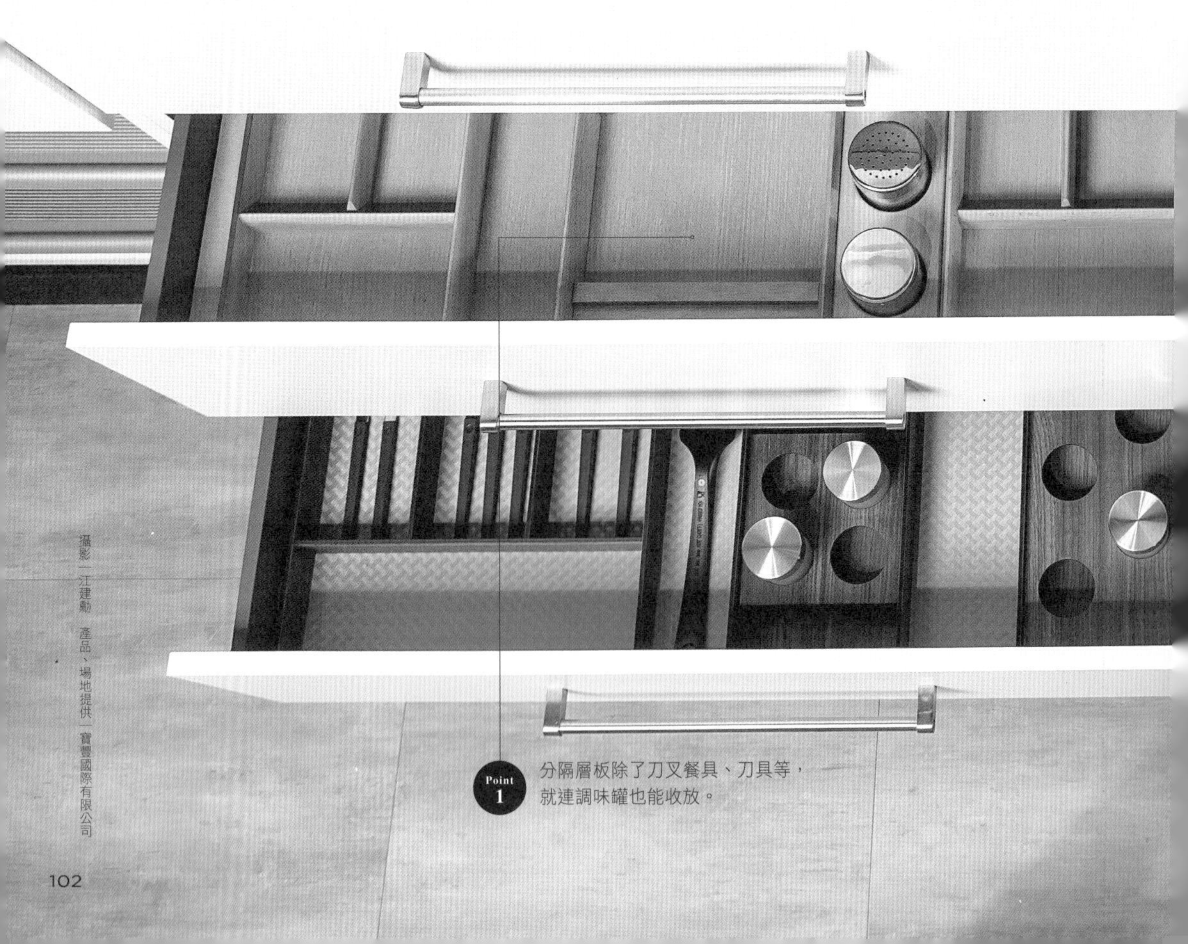

Point 1 分隔層板除了刀叉餐具、刀具等，就連調味罐也能收放。

攝影｜江建勳 產品、場地提供｜寶豐國際有限公司

Point 2
抽屜中可加入分隔層板，
讓物品做更有秩序擺放。

✱ 想讓所放之物品位置穩定，建議可在抽屜底部加層防滑墊，藉由其防滑作用，降低餐盤、瓶罐等東倒西歪或是移來移去的可能。

施工＆使用注意事項

Type 1-11

抽屜配件

特色解析

抽屜分類盒

除了抽屜分隔板，另也有抽屜分類盒，這類多數是以塑膠製成，普遍常見為銀灰色、白色等。由於各家品牌不同，分類盒內部再細分出的小格又有所不同，可依實際需求做挑選。

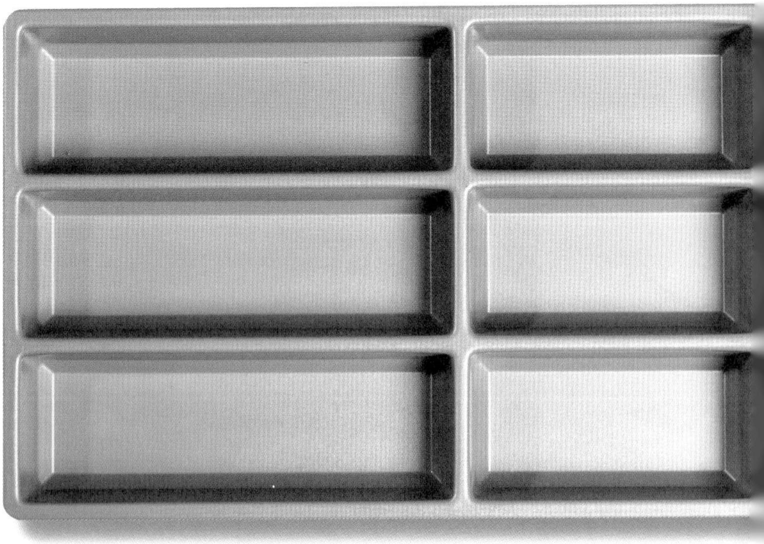

攝影—江建勳 產品、場地提供—寶豐國際有限公司

無論是想在抽屜內擺放分隔板或分類盒，建議事前都要先量好抽屜內的尺寸（長、寬、高），才能選到合宜的分隔架或分類盒。

施工＆使用注意事項

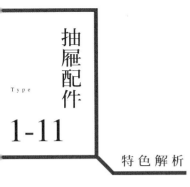

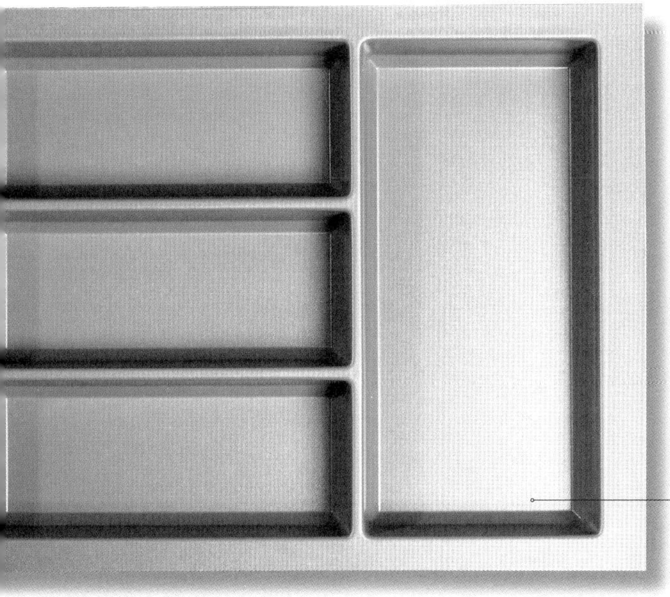

Point 3 隨各家品牌的製成方式，抽屜分類盒內部的小格又有所不同。

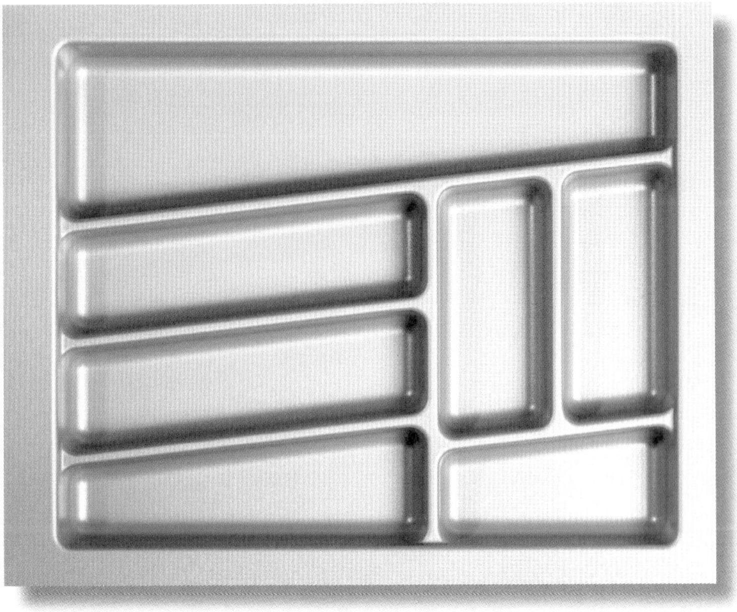

Type 1-11 抽屜配件

案例運用

抽屜分類盒

收納格分類，刀叉拿取更方便

刀叉、湯匙放在大抽屜裡，每每要用時都得東翻西找，為改善此情況，不妨可在抽屜內放一些分類盒來做收納，既能快速而清楚地找到所有的東西，拿取上也更方便。

抽屜分隔板／架

木質分隔板讓抽屜更具質感

抽屜內的分隔板將刀具、餐具、食物容器等有條理地做了分類收放，而其材質也以木質為主，透過木質本身的色澤、紋理帶出深層的質感。

攝影｜江建勳

圖片提供｜弘第 HOME DELUXE

圖片提供｜弘第 HOME DELUXE

抽屜分隔板／架

分隔板讓東西整齊歸位

下櫃最底層通常會拿來放形體比較大的物品，像是大餐碗、鍋具、玻離密封罐等，為了讓收納能更貼近需求，多半都會配入可調式分隔板，隨各式物品做置物的分配。

抽屜分類盒

分類盒讓餐具收納更有秩序

餐具種類多元、尺寸也不一，為了讓這些物品能有秩序的收放，可選擇在抽屜內放上活動式分類盒，較長的筷子，或是尺寸稍微小的點心匙、點心叉等，都有適合的位置擺放。

抽屜分隔板／架

適用廚房下櫃，便於清潔

廚房環境除了有水氣，還有油煙，因此在分隔板材質上，蠻常見以塑料、鋁、不鏽鋼等作為材質，與廚房櫃體百搭之餘，本身也抗污、好清潔。

攝影－王正毅

圖片提供－弘第 HOME DELUXE

Type 1-12 層板／吊掛配件

空間或櫃體內都會做層板，能再延伸做出其他機能與用途，
然而承托層板常用銅珠、角架……等五金。

特色解析

Point 1 銅扣除了層板珠之稱也有人稱之為層板扣。

Point 2 有的銅扣外層會以塑膠做包覆。

攝影－江建勳

層板配件

銅珠

銅珠（或稱層板珠），主要是承托活動層板之用，因有固定與活動之分，又稱固隔層板粒與活隔層板粒。隨樹櫃立板結構又有所區分，木作所使用的是有公、母組合的形式；玻璃層板則在銅扣上加裝橡膠套圈，白色與黑色是常見的膠圈顏色。常見材質有不鏽鋼、銅、PVC 等。

角架

相較於銅珠，角架（或稱托架）則主要是用來托承固定層板，好讓層板能緊靠牆面並以水平方式呈現。角架的五金造形從側面看很像一個 L 型，分為固定式與非固定式，其材質包含：不鏽鋼、鐵等。

施工＆使用注意事項

櫥櫃層板材質為玻璃，務必要使用玻璃專用的銅扣；另外在使用銅扣時建議可加入止滑橡膠，減少磨擦讓層板能穩固。

若層板上所放置物其重量較重時，建議要選硬度較硬的角架，因硬度較硬者承載力相對較好。

Type

層板／吊掛配件

1-12

特色解析

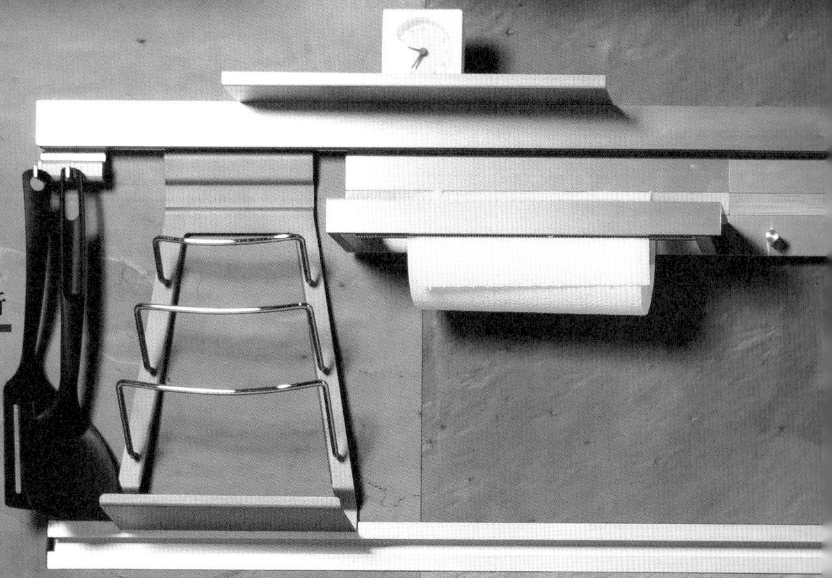

吊掛配件

吊／掛鉤	吊鉤或掛鉤，主要為懸掛器物的五金，彎曲形狀最為常見，藉由其彎曲部分將物品懸吊住。隨設計不斷地進化，除了彎曲形狀，而後也有再發展出其他多樣造形的吊鉤與掛鉤。
溝槽板	溝槽板（或稱槽板）在密集板或其他板材表面開槽，形成裝飾條紋或固定掛件的就稱之謂槽板。常見槽板條紋之間距離是相等的，只要將掛鉤配件置入凹槽，就能善用牆面空間，吊掛各種物品。溝槽板很常見於商業空間中，搭配不同配件就能做不同的變化運用，如層板支架、掛畫掛鉤、雜誌架……等。

攝影｜江建勳　產品、場地提供｜寶豐國際有限公司

溝槽板跨距不能太寬，應該要相等，否則不好吊掛物品。另外其多以密集板（又稱中密度纖維板）為主，這種材質怕水、受潮會膨脹，住家使用須留意環境。

施工＆使用注意事項

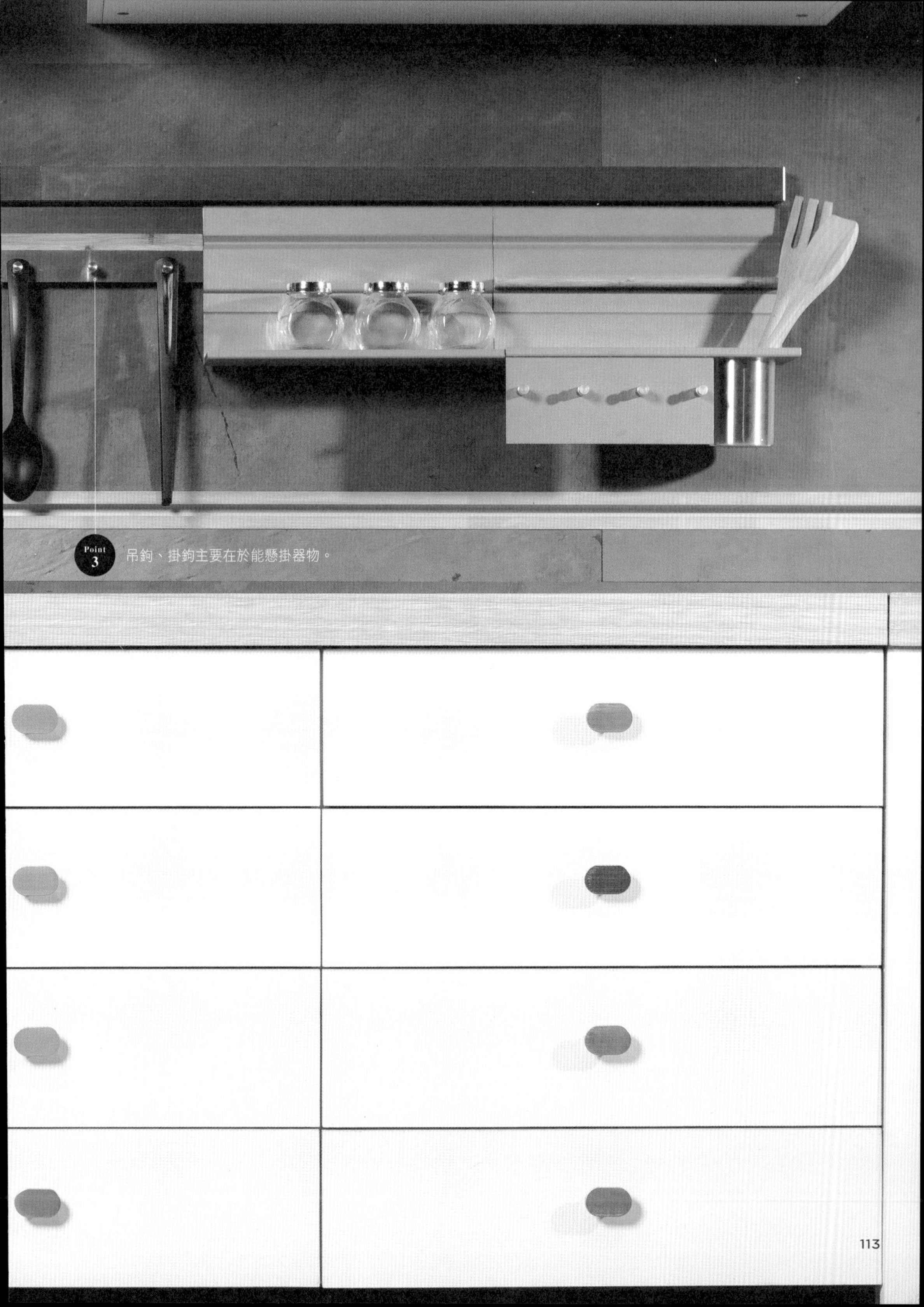
Point 3
吊鉤、掛鉤主要在於能懸掛器物。

Type 1-12 層板／吊掛配件

案例運用

圖片提供｜懷特室內設計

銅珠

調整銅珠便能移動層板的高度

主臥規劃出化妝區與具展示功能的置物櫃，藉此滿足女主人收藏精品的嗜好，每雙鞋子有如精品般地陳列在櫃子上，搭配化妝燈與櫃體內的光源投射，增添此空間的夢幻感受。開放式層架的高度可做調整，只要轉動層板之間的鋼珠，便能移動層板的位置，若未來又再增添其他鞋子，也能有充裕的空間可收納。

角架

開放展示解決日常拿取問題

生活物品的收納可以分蒐藏性與使用性，就杯盤器皿這些經常、天天會使用的物品而言，較適合開放式設計，不想買開放式櫃體，不妨可透過角架加層架來應對，美化牆面之餘也便於拿取。

銅珠

暗藏玄機的衣櫃

獨立式的試衣間中，設置有L型壁櫃，多元的收納元件能幫助屋主更輕鬆的收整，深50cm深的櫃體內除了透過銅珠固定層板的作用，另還設有層板、抽屜與吊衣桿，同時更在其中埋入了照明與抽拉式的燙衣板，強化使用機能。

攝影－王正毅

圖片提供－橙白室內裝修設計

攝影｜Sam

角架

兼具實用與美觀的收納設計

兼具展示佈置與收納機能的美型收納，是近幾年流行的置物方式，像是利用角架、層板建構出的展示架，能避免收納櫃不足及物件堆放的情況，又能將蒐藏品與生活物品等展示出來。

銅珠

透明設計降低銅珠的存在感

銅珠的材質包含不鏽鋼、銅、PVC 等，常見在不鏽鋼、銅的外層加上透塑膠，像是白色、黑色、灰色等，另也有的則是以透明塑膠為主，當組裝起整個櫃體時，加以美化整體也降低銅珠的存在感。

攝影－江建勳

CHAPTER

2

玻璃工程相關之五金運用

Type2-1 玻璃門裝置

Type2-2 玻璃鉸鍊

Type2-3 玻璃門鎖

Type2-4 玻璃門把／門閂

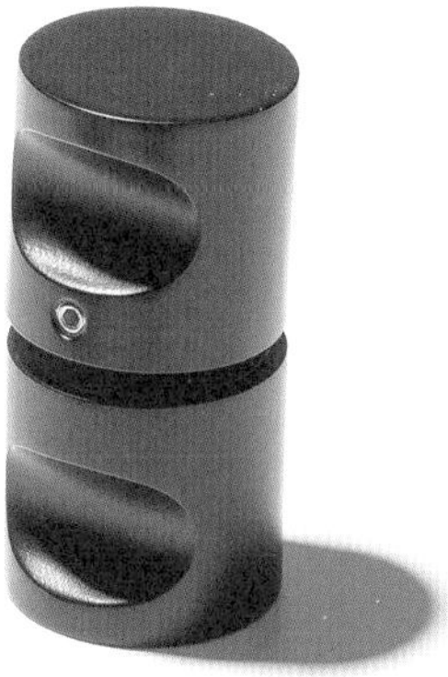

Type 2-1 玻璃門裝置

特色解析

幾乎是全透明的玻璃門，具穿透性，作為隔間並不會讓視線受到阻礙，經常被運用在居家裝潢中。

玻璃門裝置

玻璃門裝置常見形式為一般玻璃門，即透過包角、鉸鍊等五金，讓門可做垂直向度的開闔，一般玻璃門在早期會在門的四邊處加上框，到了後期追求更潔淨的設計美感，則逐漸將外框捨棄，形成所謂的無框玻璃。另一種玻璃門裝置為玻璃拉門，藉由吊輪、軌道等五金，讓門可做水平的移動，達到開闔作用。

Point 1 玻璃門具穿透性，故經常被使用在居家裝潢中。

Point 2 玻璃拉門也是玻璃門裝置的形式之一，可讓門做水平移動並達到開闔作用。

攝影｜江建勳 產品、場地提供｜寶豐國際有限公司

通常玻璃門厚度至少都是10～12mm，雖市場上仍有人使用8mm，但就安全考量略顯薄，較不建議使用。

施工＆使用注意事項

Type 2-1 玻璃門裝置

特色解析

Point 3 包角主要是用於玻璃門四角，提供強化結構目的。

攝影｜江建勳 產品提供｜拓亞實業有限公司

一般玻璃門裝置

夾具

玻璃屬於高硬性材料，且又不如其他材料（如木料）容易加工，因此，多數靠著「夾」來產生應力，因此更需注意五金的載重限制。

上下包角

包角主要用於玻璃門脆弱四角處，提供強化結構目的。使用包角時，通常還會搭配地鉸鍊，共同讓門產生開合的動作。

鎖具

玻璃拉門上通常也會加裝鎖具，視需求安裝在門的把手附近、靠近天花板的上方，抑或是接近地板的下方處，提供門上鎖緊閉之功能。

一般玻璃門裝置除了包角另會再搭配地鉸鍊五金，因地鉸鍊怕水，配置時要留意環境是否在戶外或造近水源地帶，以免影響到地鉸鍊的正常運作。

Type 2-1 玻璃門裝置

特色解析

Point 4 玻璃拉門也是依靠軌道、滑輪……等五金構件，共同產生運作。

攝影—江建勳 產品、場地提供—寶豐國際有限公司

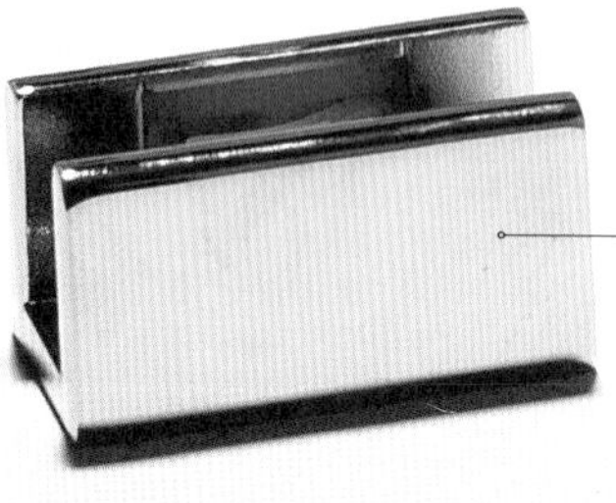

Point 5 下方會搭配門止，讓門產生固定不亂晃動。

玻璃拉門裝置

玻璃拉門裝置主要是依靠軌道、滑輪、夾具、門止……等五金構件組合後產生運作。通常玻璃拉門多採使用上輪走上軌形式，因配置下軌有既定溝縫存在，且容易卡灰塵故較少人使用。軌道、滑輪之外，還會有所謂的夾具，則是將門夾住，另外底下會搭配下門止，用來固定門、不產生晃動。

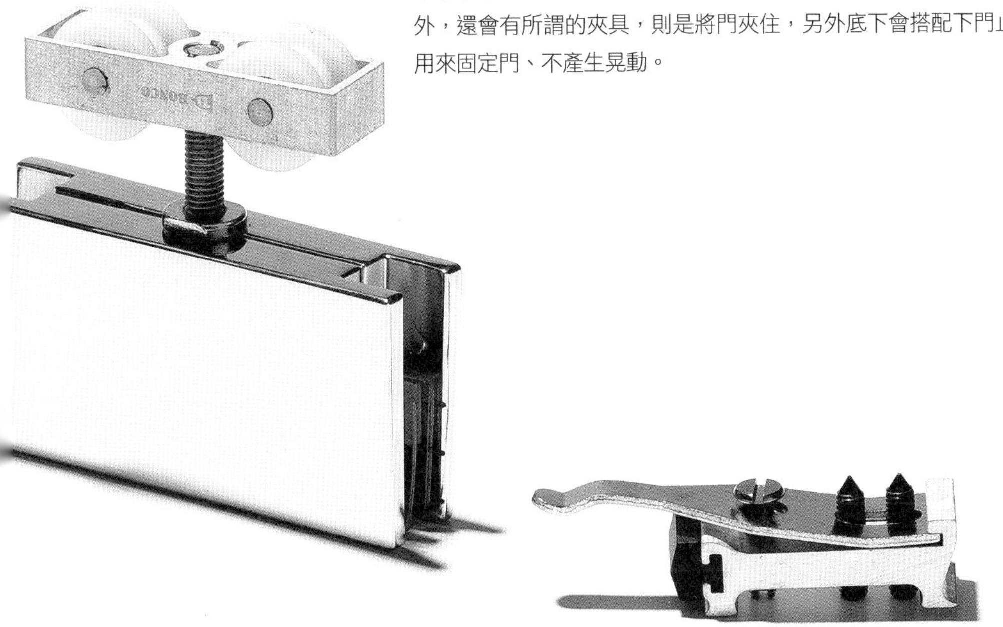

雖然玻璃拉門有透過五金來加強結構性，但在使用時仍建議輕推而不要過於大力，以免過度甩動而影響了五金正常的運作。

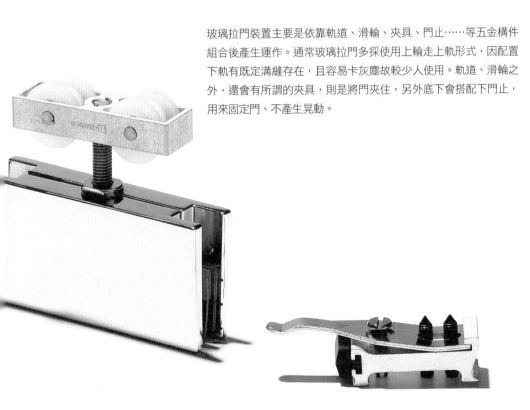

Type 2-1

玻璃門裝置

案例運用

玻璃門裝置

無框式玻璃拉門視野更通透

以簡潔黑白灰打造的四口之家，書房隔間運用玻璃材質，創造空間的通透與寬闊性，相較一般包框式的軌道，這邊的玻璃隔間屬於無框式設計，軌道需使用專用的玻璃夾具，同時拉門也具有緩衝功能，提升穩定與安全作用。

圖片提供—演拓空間室內設計

圖片提供－構設計

圖片提供－構設計

玻璃門裝置

移動式玻璃門片創造舒適臥空間

空間有限的小坪數房型，設計師以 1cm 厚的藍色進口玻璃門片，將客廳一隅隔出獨立空間，平移裝置少了前後開闔需要的活動面積，透明感則保留了自然光源，靈巧地為空間增添機能。

玻璃門裝置

多層次門片 × 雙軌道，展現高度應用彈性

在銜接餐廚與臥室區域處，設計師以多層次的門片五金高度展現空間使用性，吊掛式鉸鍊及雙軌道設計能以橫拉平移方式控制開闔，除了兩片不透明的木析門片外，另還加了烤漆白玻璃門片，不僅讓密閉時不減寬敞，更能充當白板任意塗鴉使用。

圖片提供｜構設計

攝影｜江建勳 產品、場地提供｜寶豐國際有限公司

玻璃門裝置

加入折門概念，推拉使用均順手

玻璃門裝置除了透過平移推動門之外，也能將折門概念加入其中，並將一大片門切分成多個門片，同樣能發揮隔屏的作用，再者，當空間需要完全展開時，只需將門片一一折好收拾在一起，即可創造出寬闊的使用環境。

玻璃門裝置

無溝槽懸吊式滑軌五金減少地板灰塵

房間中的玻璃拉門以懸吊式的五金固定門片，左右平移開闔讓空間更省，並以 PVC 材質作為下門止讓門片固定不偏移，不僅增加安全性，也確實改善了以往下軌道容易卡灰塵的問題。

圖片提供—構設計

圖片提供—構設計

Type 2-2 玻璃鉸鍊

特色解析

玻璃鉸鍊同樣因應櫥櫃門、房間門有各自對應的鉸鍊形式，櫥櫃門多以玻璃西德鉸鍊居多，房間門則又分玻璃對牆鉸鍊、玻璃對玻璃鉸鍊。

Point 1 玻璃西德鉸鍊的鉸鍊杯（即圓凹處），因開圓孔關係做成圓形。

Point 2 玻璃西德鉸鍊同樣也有蓋柱、入柱之別。

攝影－江建勳

玻璃西德鉸鍊

適用於櫥櫃門的玻璃西德鉸鍊與木作櫃體所用之西德鉸鍊長得很像，由上往下分別為：鉸鍊杯（即圓凹處）、轉折曲臂、臂身與墊片，兩者最大差別在於鉸鍊杯的造形，由於玻璃開孔僅能開圓孔，因此玻璃西德鉸鍊的鉸鍊杯為圓形。它同樣在轉折曲臂做不同彎曲弧度的設計，讓玻璃門可依度數做不同角度的開啟，另外，它也在臂身上有結合緩衝設計，避免發生閉門時大力回彈碰撞的情況。玻璃西德鉸鍊亦有「蓋柱」（門板蓋起看不到側板）與「入柱」（門板內退與側板對齊）之分，常見為蓋 3 分（9mm）、蓋 6 分（18mm）兩種形式。由於玻璃材質的關係，怎樣都會看到鉸鍊，但為了美觀，會在玻璃門片外側加再上裝飾面板，有圓形、方形等，蓋上後能達到美化的作用。

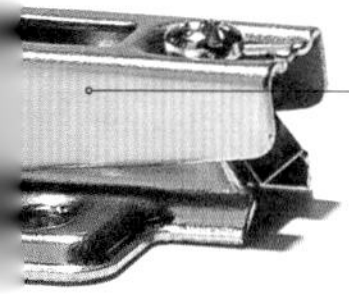

Point 3 玻璃西德鉸鍊在彎折曲臂有做了不同彎曲弧度的設計，能產生不同角度的門片開啟。

玻璃鉸鍊安裝時需要開孔，才能讓鉸鍊的圓盤可以安裝進去，然而玻璃開孔必須在進行強化之前（強化後不能再開孔），建議事先確定要使用什麼樣式的鉸鍊，因為每個開孔不太相同。

玻璃西德鉸鍊也有門片厚度的限制，普遍來說玻璃厚度多為5mm，偶也有到8mm，使用時要特別留意。

裝了具緩衝功能的鉸鍊，在使用時應緩緩地等它自己回到定位點，不該過度施加壓力，影響五金本身正常的運用，其壞的機率也會變大。

玻璃鉸鍊

Type

2-2

特色解析

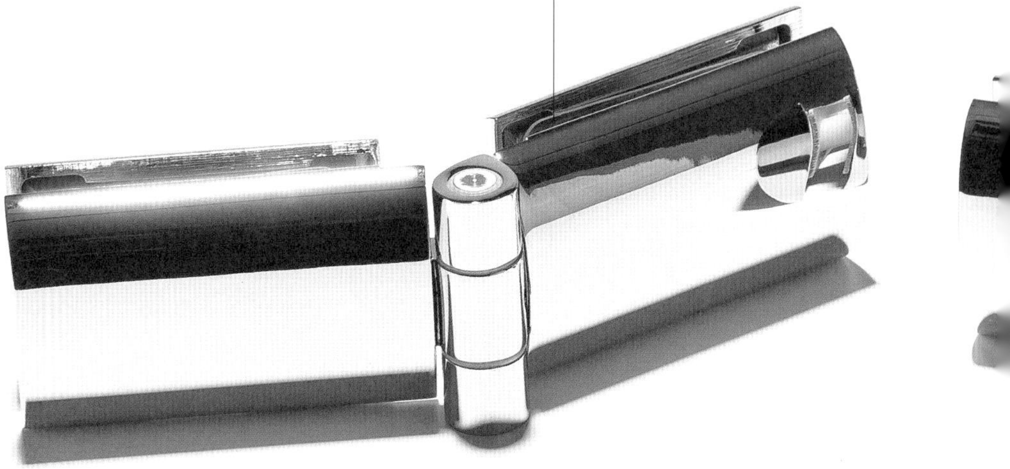

Point 4 此為玻璃對玻璃的鉸鍊。

玻璃對牆鉸鍊／玻璃對玻璃鉸鍊

玻璃鉸鍊多數靠著「夾」來產生功能，其在房間門的鉸鍊應用又更明顯可見。「玻璃對玻璃鉸鍊」其兩側都為可夾住玻璃的形式，藉由「夾」接合住玻璃；「玻璃對牆」則因其中一邊是鎖於牆面，因此鎖於牆面側為片狀造型，另一邊則是可夾住玻璃的形式。通常玻璃鉸鍊不會單獨使用，因為這樣的支撐點過於低，通常都會再搭配固定座，或是門邊加上框共同使用，以共同強化彼此的支撐性。

攝影－江建勳 產品提供－拓亞實業有限公司

Point 5 此為玻璃對牆的鉸鍊。

金屬不可直接與玻璃做接觸，特別是經強化過後的玻璃，最脆弱點在四角處，再加上玻璃五金又經常鎖邊邊靠近四角的地方，若沒有加墊片的話，容易因擠壓關係就破裂開來，得結合墊片作為界質，好緩衝彼此的力量。

配置鉸鍊時，其必須準確地定位在同一軸心（或軸線）上，普遍來說多以使用2顆為主，同樣不是愈多就愈好，若要使用多個，建議要經過評估並仔細施作較理想。

受限於玻璃材質，其鉸鍊發展造型較有限，樣式選擇亦不多，不過仍有業者在材質與表面處理上不斷研發，像是粉體塗裝技術，讓玻璃鉸鍊有更多色彩出現，讓選擇性變多了。

Type

2-2 玻璃鉸鍊

案例運用

玻璃鉸鍊

可雙向開闔玻璃門，滿足多元需求

由於空間坪數有限，於是，設計師選運玻璃門片來活化環境的運用，右邊直立門片以雙向開闔設計推拉皆宜，而上方玻璃門五金鉸鍊是牆壁的力量支撐玻璃重量，讓懸空的玻璃也能安心使用。

圖片提供｜構設計

圖片提供－六十八室內設計

玻璃鉸鍊

小而精巧鉸鍊，展現空間的清透舒適

取客廳角落以玻璃門將空間一分為二，設計師巧妙的創造出銜接客廳、廚房與主臥的中介區域，帶淡灰的 8mm 強化玻璃門片以進口西德鉸鍊開闔，打造有趣的緩衝空間。

圖片提供—構設計

玻璃鉸鍊

玻璃門成空間的隱形界定

為了讓空間能有所界定，特別在其中加了一道玻璃門，並輔以牆對玻璃的鉸鍊讓門能順利開闔。使用自如的玻璃門，不僅讓空間達到了一定的劃分，另也創造出具穿透的視野。

玻璃鉸鍊

長方造形與磁磚另類相呼應

衛浴空間不大，設計者盡量以相同的線條、幾何圖形來做勾勒，在淋浴門的鉸鍊使用也以長方造形為主，剛好與環境中所使用的磁磚形式形成另類的呼應。

玻璃鉸鍊

小小鉸鍊
讓櫃門能順利啟動

居住空間中配置裝有玻璃門片的櫃體，因玻璃材質的關係，設計者以玻璃西德鉸鍊來做門片與側面立面的銜接，特別在外側加上了同為圓形的裝飾蓋，讓整體造型更為理想。

圖片提供｜今硯室內裝修設計工程

圖片提供｜今硯室內裝修設計工程

圖片提供｜巢空間

圖片提供—構設計

玻璃鉸鍊

一字型淋浴門創造清透感

避免淋浴時造成的濕滑感，以一字型淋浴門搭配固定白玻牆，形成簡單俐落的乾濕分離門，前後開闔設計使用上十分安全，門片上使用牆對玻璃的不鏽鋼鉸鍊，雖然迷你但卻成為進出空間的重要樞紐。

玻璃鉸鍊

鋁框結合鉸鍊，整體呈現更為細膩

現有品牌推出在玻璃門片上加入鋁框的設計，並且所對應的鉸鍊其顏色與邊框相同，使用時可以直接鎖於鋁框上，彼此相結合，讓櫃體造形整體更具一致性。

攝影｜江建勳　產品、場地提供｜寶豐國際有限公司

攝影｜江建勳　產品、場地提供｜寶豐國際有限公司

Type 2-3

玻璃門鎖

特色解析

玻璃門鎖與一般門鎖相同，由斜舌、鎖芯……等元件組成，讓鎖具可門鎖住並產生防護作用。

玻璃門鎖

玻璃門鎖運用在房間門時，多會選擇含有鎖芯的鎖具，用在淋浴間的則以無鎖芯的鎖具居多。形式上，有鎖具結合把手的樣式，另也有鎖具與門把各自分開的形式，端看需求做樣式上的選擇。再者，因玻璃門片本身材質的關係，鎖具的造型上通常都會做得很精簡、小巧，為的就是降低突兀感。

攝影－江建勳 產品提供－拓亞實業有限公司

門鎖安裝時，同樣需要預先在玻璃門片上做開孔，因此得事先做好規劃，才能讓整體順利進行安裝。

鎖具同樣有玻璃厚度的考量，若厚度不合無法準確讓鎖具做夾合，另外，承載性也相當重要，必須使用鎖具五金所限制範圍內的玻璃門重，否則也無法完整發揮五金該有的作用。

施工＆使用注意事項

Point 1 玻璃鎖具同能使用上鎖，並產生防護作用。

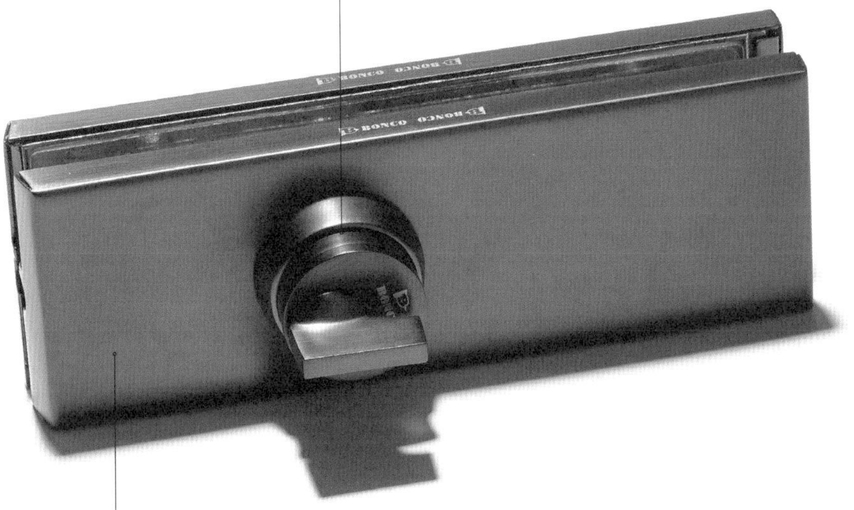

Point 2 玻璃鎖具多半做得很精簡小巧，消弭於透明門片上的突兀感。

玻璃門鎖

Type

2-3

特色解析

玻璃門鎖

玻璃門鎖擺放位置普遍配置在把手附近，但也有人為了消弭鎖具的存在感，會將鎖具鎖於靠近天花板的門片上方，抑或是接近地板的下方處。位置配置沒有絕對，仍是要依使用者的身高、習慣等來做最終的考量。

攝影－江建勳　產品提供－拓亞實業有限公司

玻璃鎖具在安裝時，同樣不能直接金屬對玻璃，之間必須加入墊片，鎖時才不會將力量直接施壓在五金與玻璃上，以免產生裂開的危險。

施工＆使用注意事項

Point 3 玻璃門鎖也有方舌的設計。

Point 4 為了美觀會有人將鎖具鎖於門的下方處。

玻璃門鎖

Type

2-3

案例運用

玻璃門鎖

地鎖為清透空間創造牢不可破的私密感

在地坪有限空間中，設計師以清透的玻璃取代死硬厚實的水泥牆，釋放了客廳的空間感；至於沙發背後方，則規劃作為男主辦公、閱讀的個人空間，並以嵌門鎖不著痕跡為此區域畫下牢不可破的安心設計。

圖片提供｜六十八室內設計

玻璃門鎖

隱形但絕對安全私密的小裝置

要在清透無瑕、什麼都藏不住的玻璃材質門片中加裝門鎖，設計師選以最低調的方式，將門鎖配置於接近地板的下方處，當電動捲簾放下，便能成為最安心不受擾的清靜區域。

圖片提供｜六十八室內設計

玻璃門鎖

鎖件、把手分體化更符合人體工學

設計師在浴廁門片中，選擇將鎖頭與把手功能各自獨立，把手位置更依人體高度來做設定，而水平鎖也以小巧尺寸為主軸，一同展現出精緻、細膩的設計風格。

圖片提供｜橙白室內裝修設計

玻璃門鎖

簡約霧玻門片上的安心鎖件

浴廁空間裡，設計師選以不透明的霧玻作為門片材料，讓空間保有隱私卻又能透光帶來自然亮度，搭配精巧的鎖具與造形簡單的把手，讓浴廁推拉門也有細膩極簡的設計感。

圖片提供｜橙白室內裝修設計

玻璃門把／門閂

Type 2-4

玻璃門把、門閂的功能與一般常見之門把、門閂功能相同，前者為門上可供手扶持的地方，後者則可將門扣上，達到閉合作用。

特色解析

玻璃門把

Point 1 玻璃門把亦有雙孔形式，即門把上有兩個鎖孔。

攝影—江建勳 產品提供—拓亞實業有限公司

雙孔門把

玻璃門把同樣有單孔、雙孔之分，雙孔門把即有兩個鎖孔（另也稱有兩腳）形式的把手。一字型是最常見形式，再從其中做造形上的衍生與變化。

安裝玻璃門把的安裝並非像一般木門可以直接將把手鎖於門上，而是得將玻璃門片夾於相對的把手之中，再透過螺絲鎖讓相對的門把能緊貼於玻璃上，鎖時中間一定要加墊片，一旦沒有墊片且鎖時受力又過大的話，便很容易造成玻璃爆裂開來。

玻璃中間所使用的墊片，早期為石棉材質，其遇水膨脹且愈久愈牢固，但本身材質會揮發毒性，不少國家已禁止使用，現在已有不少品牌改採用環保矽膠或非石棉墊片，建議在選用時可多加留意，以免影響到健康。

Type 2-4 玻璃門把／門閂

特色解析

單孔門把

單孔門把即為單孔鎖的把手，通常多為圓體或球狀造形。同樣也是從球體再延伸另做造型、外觀上的變化，此外也會加入相異材質共同呈現。

攝影｜江建勳　產品提供｜拓亞實業有限公司

玻璃門把手孔洞，一般在裁割玻璃時加工完成，因此要使用哪種形式的把手、甚至孔洞開的位置等，都要預先做好規劃與預留。

有些門把會要求一定的螺絲長度（或厚度），不可因為螺絲長度不夠而改用墊片去補強厚度，這樣既無法鎖到對的位置，同時也潛藏著危險。

施工＆使用注意事項

Point 2

單孔把手體積小，用於玻璃門上既能提供門開合作用又不會覺得造型太過突兀。

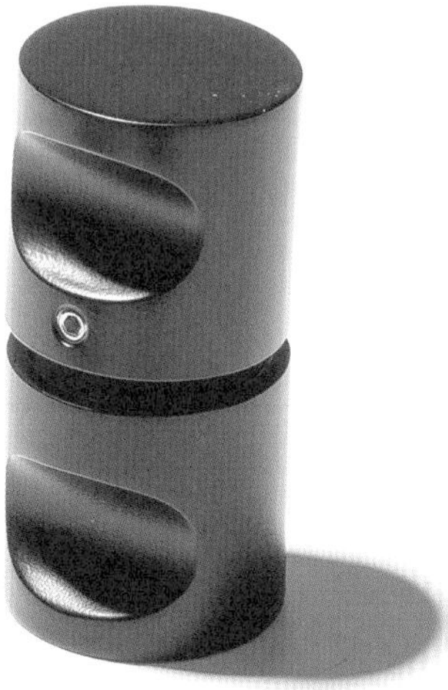

玻璃門把／門閂

Type

2-4

特色解析

玻璃門閂

玻璃門閂與一般門閂作用相同，不會讓門完全鎖上，但能夠讓彼此扣住，達到閉合的效果。

攝影｜江建勳 產品提供｜拓亞實業有限公司

施工＆使用注意事項

在安裝門閂時一定會使用到一些鎖螺絲的輔助工具，要注意的是，使用時力道不要過大，才不會出現使用輔助工具把玻璃門弄壞的情況。

玻璃門材質特殊，在安裝門把、門閂時，仍建議請專業人員施作與安裝，一來清楚玻璃門的材質屬性，二來也比較安全。

Point 3

門閂設計愈來愈精美，成為玻璃門上一吸睛焦點所在。

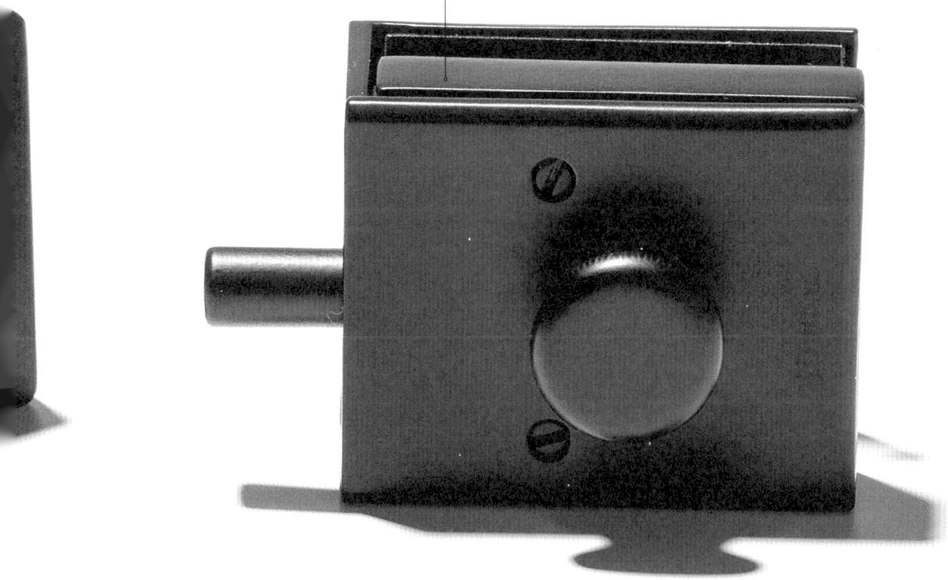

Type 2-4 玻璃門把／門閂

案例運用

玻璃門把

特殊鐵件框玻璃門展現時尚大器

為呼應餐廚空間黑、白、大理石帶來的明亮時尚感，設計師在門片上親自繪圖設計，並請到鐵工師傅來製作的鐵件門片，以鐵件與玻璃打造俐落極簡雙開門，大器把手與門框巧妙串連，既是把手也是個性十足的門片造型。而門上所搭配的五金，也使得門可以自動迴歸到關門的位置，自動卡榫在打開 90° 時能固定在開啟狀態。

圖片提供—構設計

圖片提供－構設計

圖片提供－構設計

圖片提供｜橙白室內裝修設計

玻璃門把

訂製門片與門把一展低調性格

41 坪的空間中，設計師以黑玻材質展現通透感，特別是臥房中試衣間格狀深色半透感延深視覺，90cm 自下而上的設計把手不僅使用順手，更多了低調個性。

玻璃門把

俐落有型的把手好設計

古典內斂的空間氛圍裡，在一片剔透中浮現的玻璃門把手，總是存在得理所當然，設計師選搭具個性直角的方形金屬握把，長達 80cm 更以展現了空間中大器經典的面貌。

圖片提供—大湖森林室內設計

圖片提供－演拓空間室內設計

玻璃門閂

加道門閂能簡單將門扣上

通往衛浴的門上特別再加了道門閂，當沒有需要到全鎖上時，僅用門閂便可將門扣上，達到閉合的需求。正方造形的門閂精簡有型，金屬色系也與空間很搭配。

玻璃門把

長方金屬把手展現簡約時尚

主臥空間中設計師以冷調色系作為領域配色，巧妙利用灰玻隔出更衣空間，簡單俐落的金屬把手並無多餘裝飾設計，反能從簡約的線條中呈現大器。

圖片提供＿橙白室內裝修設計

CHAPTER

3

衛浴工程相關之五金運用

Type3-1 淋浴門

Type3-2 龍頭

Type3-3 花灑

Type3-4 落水頭／集水槽

Type3-5 衛浴配件

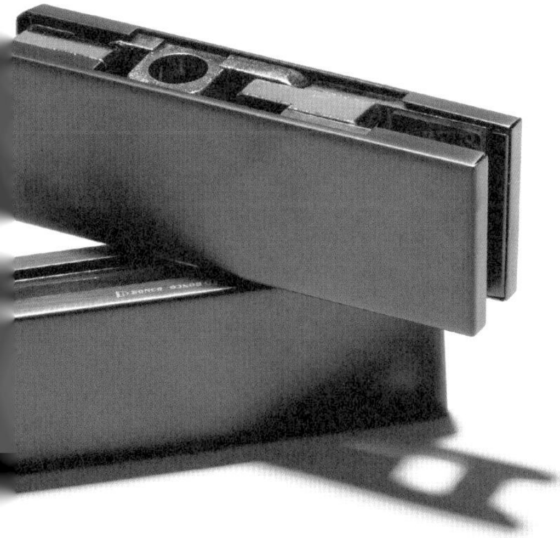

淋浴門

Type

3-1

淋浴門最主要的功能在於可使衛浴空間達到乾濕分離，隨不同材質的使用，讓衛浴空間有了不同的視覺觀感。

淋浴門

想擁有一個潔淨舒爽的浴室，在浴室安裝淋浴拉門是最好的方式。市面上淋浴拉門的材質，約可分為 PC 板、PS 板以及強化玻璃等 3 個主要項目：PC 板材質為塑料；PS 板為類壓克力材質，不耐撞擊較好開關；強化玻璃耐撞擊度高，其兼具的特明度特性可讓衛浴空間達到放大效果，其款式又包括透明、霧面、有邊框與無邊框。就拉門形式來看，又分為浴缸型及落地型兩種，浴缸型是將淋浴拉門直接加裝在浴缸上；至於落地型則是安裝於地面上，拉門造型有一字型、L 型、圓弧型……等，其樣式選擇決於實際格局，以動線流暢為考量。淋浴拉門的安裝分絞鏈式（及內外直角開啟）與橫拉式（水平移動開啟）兩種，可依照空間和預算的不同來做選擇。

圖片提供｜橙白室內裝修設計

為確保安全性，強化玻璃門的門厚也必須注意，一般來説建議無框玻璃門厚為10mm，安全關係較不建議使用8mm。

施工＆使用注意事項

Point
1
淋浴門最主要的功能在於可使衛浴
空間達到乾濕分離。

淋浴門

Type

3-1

特色解析

外框

為加強淋浴門的結構，均會在玻璃上加層外框，有的會加在上下處，有的則會加在側邊處，依設計、環境整體做考量，外框材質包含：鋁料、鋁鈦合金、不鏽鋼……等，面對衛浴空間的長期潮溼屬適合。

夾具

夾具主要是讓玻璃門片支點，可作為支撐之用，通常是靠著「夾」來產生功能。

拉桿

因多數玻璃門是倚靠「夾」來作為固定，因上下包角通常得搭配地鉸鍊共同使用，而又地鉸鍊怕水，但為了讓玻璃門有所支撐，在淋浴門會使用所謂的拉桿，長長一根直條狀，讓玻璃門有所靠，結構性也更好。

圖片提供－懷特室內設計

基於安全性考量，建議淋浴門在選擇時，盡量挑選可同時內外開啟的形式，當發生意外時，可直從外側打開直接進入。

衛浴幾乎是天天都要使用到的空間，因應台灣浴室空間普遍較小，以及使用後不想水漬留於乾區，因此普遍使用空間形式，若有做水平移動開啟的形式，輪軸建議盡量選不鏽鋼輪軸，較不易損壞。

施工＆使用注意事項

Point 2
加強淋浴門的結構，均會在玻璃上加層外框或拉桿五金。

淋浴門

Type 3-1

特色解析

Point 3 固定座主要功能在於固定門片玻璃之用。

攝影｜江建勳 產品提供｜拓亞實業有限公司

鉸鍊

當淋浴門為內外直角開啟形式時，便會使用到鉸鍊，好讓門能順利開啟。淋浴門鉸鍊用的鉸鍊多以玻對玻璃、玻璃對牆兩種形式，端看環境與設計而決定使用哪種鉸鍊。

固定座

固定座主要功能在於固定門片玻璃之用，一側夾住玻璃，另一側則是鎖於牆面，藉由這樣來支撐住玻璃，某種程度也算是補強結構的一種。

門把

為能順利打開淋浴門，會在門上安裝門把，通常會使用兼具毛巾桿的把手，常見是雙孔、水平一字造形的形式，如此一來，不只是可以推開門，同時還能作為吊掛毛巾之用。

評估並依照鉸鍊承重完成安裝淋浴拉門後，無論是內外直角開啟還是水平移動開啟，記得都要做測試，以確保五金的載重是否牢靠。

淋浴門

Type 3-1

案例運用

圖片提供 一構設計

淋浴門

不頂天不立地保持高度乾爽

單開門片的獨立淋浴間，設計不做到頂的一字型淋浴門，讓淋浴時熱水霧氣可以順暢蒸散通風，低調的不鏽鋼角鍊雖然低調，卻也擁有進出方便的180度雙開設計。

淋浴門

簡約實用保持立面純粹

白與石紋為立面設計基調的衛浴空間中，設計師以簡約為主線，無論是洗浴設備或五金皆簡單俐落，更在淋浴門片上加入一字型把手，方便門片開闔，更兼具吊掛毛巾的功能。

圖片提供—大湖森林室內設計

圖片提供－構設計

淋浴門

彷若隱形的極簡造型鉸鍊

牆面灰磚的浴室空間中，設計師刻意減少室內色度創造洗浴的無壓感，以線條簡潔俐落的不鏽鋼玻璃鉸鍊作門片銜接，保持一貫灰黑白低調簡約卻設計感十足的個性風格。

淋浴門

特殊淋浴設計提升愉悅沐浴體驗

衛浴空間中利用格局規劃配置了獨立淋浴區，具穿透性的徵玻璃隔間，讓衛浴更為開闊俐落而不壓迫。環境中也使用大量具的磁磚做鋪陳，表彰出具特色的空間味道。

圖片提供—大湖森林室內設計

圖片提供｜六十八室內設計

淋浴門

用最輕量的方式劃分空間

刻意以樸實溫潤主導空間氣質的概念，設計師在柔和的間接照與低調壁磚中，選搭瀑布式出水龍頭增加洗手時的雅趣，更替空間創造了畫龍點睛的優雅質感。

淋浴門

平移拉門浴廁空間零耗費

狹小的浴廁空間既想要有浴缸，又需要有乾濕分離的裝置，於是設計師利用泥作砌磚浴缸邊緣，作為玻璃軌道站立位置，並以夾具、軌道五金共同創造平移式門片，毫不浪費前後的開闔空間。

圖片提供—構設計

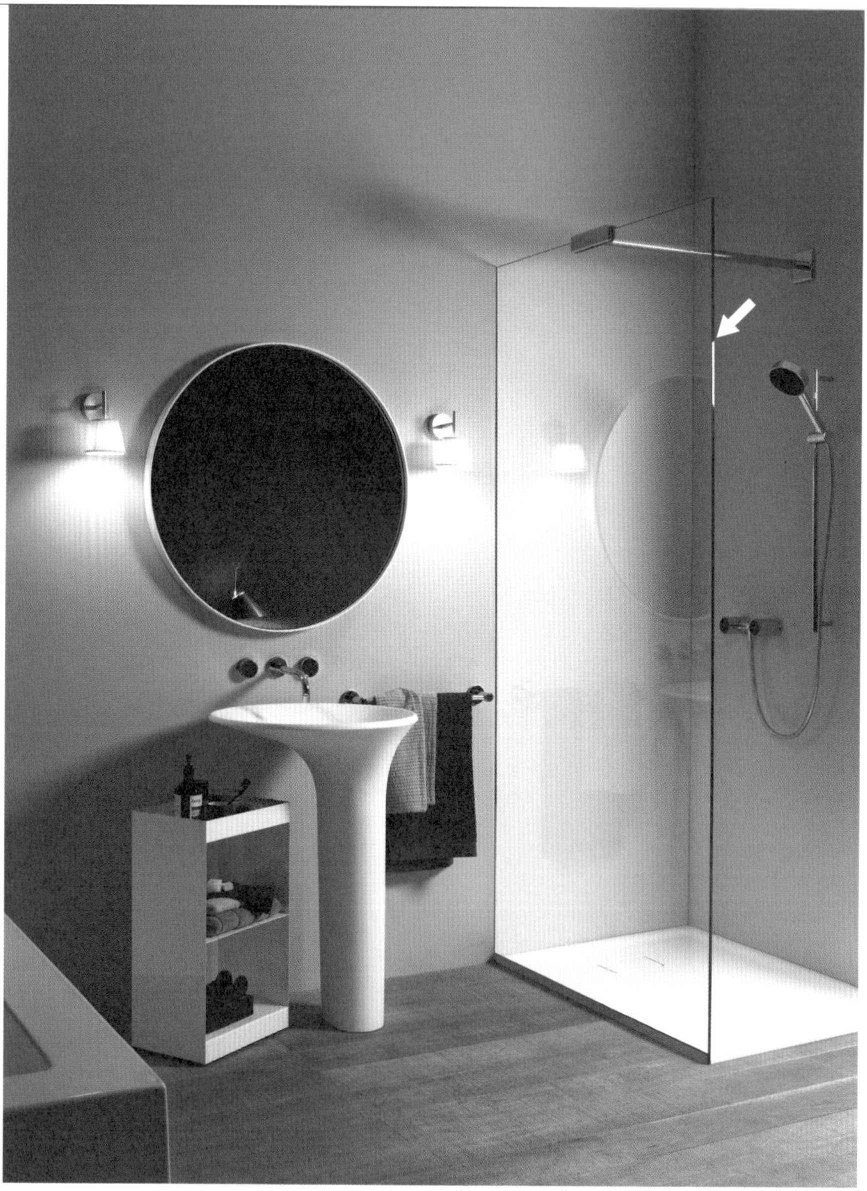

圖片提供｜嘉品 JIA ENTERPRISE

淋浴門

玻璃表述衛浴間乾濕分離的隔屏

利用空間並輔以玻璃作為淋浴地帶的的隔屏，砌出一間乾濕分離相當清晰的機能設計，既可以在這個小環境中淋浴、梳洗，輕鬆自在之餘，又不用擔心會把整個衛浴空間弄得濕答答的。

淋浴門

根據屬性界定乾濕區域

依據屋主個人的使用習慣規劃衛浴中的乾區與濕區，為了保有一定的使用尺度，地坪維持同樣地材質，僅很單純地透過玻璃淋浴門，便將乾濕分離做了明顯的強調。

圖片提供＿大湖森林室內設計

龍頭

Type

3-2

特色解析

龍頭又稱水龍頭，主要是用於控制出水開關與水量的大小。就衛浴龍頭而言，又分為「面盆龍頭」、「浴缸龍頭」與「淋浴蓮蓬頭」。

面盆龍頭

早期面盆龍頭為雙把手龍頭（即兩個把手控制出水與溫度），後來才逐漸改成單槍把手龍頭（即單把控制出水與溫度）。雙把手龍頭早期主要是依靠橡皮墊做止水動作，但其有一定使用性，久了容易膠化或破損，而喪失止水的能力；演進到現在則多以陶瓷閥來控制出水，陶瓷硬度夠且無色無味，大幅改善龍頭的耐用性。龍頭材質多以不鏽鋼、銅為主，不鏽鋼（採用）不同表面處理方式，可呈現出亮面或霧面效果，耐用、適合居住環境鹽分重或溫泉區使用；銅結合電鍍處理，先上鎳（加強硬度）再上鉻（加強美觀），較不合用在靠海或溫泉區；另有以銅體結合粉體烤漆處理，同樣適合居住環境鹽分重或溫泉區使用。

攝影—江建勳

面盆龍頭有分鎖於牆壁（或稱埋壁式）與鎖於面盆兩種形式，由於管線走法不同，要使用哪種龍頭得先確定，否則無法與管線相搭配。

選面盆龍頭時，出水服貼度也是考量重點之一，其出水起泡頭做了特殊設計能讓出來的水呈綿密狀態，觸碰到手時很服貼也不會噴得到處都是水。

挑選龍頭時也須考量出水高度與面盆的距離，過低過高都不慎理想。

Point
1
龍頭主要是用於控制出水開
關與水量的大小。

龍頭

Type

3-2

特色解析

浴缸龍頭／淋浴蓮蓬頭

浴缸龍頭常見的是安裝於浴缸上與鎖於牆面上的龍頭，但市場上仍有獨立浴缸的需求，故也有所謂的落地式龍頭，施工較方便。但，隨居住環境愈來愈小，衛浴分配到的坪數愈趨有限下，不少人捨棄浴缸多改以淋浴區並設有淋浴拉門為主，其配有頂噴花灑及手持花灑外，蓮蓬頭下的龍頭採單、雙把手形式則依個人使用習慣去做選擇。

攝影—江建勳

安裝浴缸龍頭時，特別是埋壁式的，要記得預留維修孔，以利日後維修之用。

淋浴蓮蓬頭底下龍頭安裝距離仍建議配在80～83cm左右。

居住地屬於靠海（即環境鹽分重）或溫泉區，挑選龍頭也要選擇適合的材質與款式。

Point 2 不少人捨棄浴缸多改以淋浴為主，配置淋浴柱的同時也將龍頭安裝其下方。

龍頭

Type

3-2

案例運用

圖片提供—演拓空間室內設計

面盆龍頭

埋壁式龍頭減少汙垢好清潔

重新施作的衛浴選搭埋壁式龍頭，優點是可以維持檯面的平整性，檯面不易積水垢、也不易發霉，不過要注意的是，進行水電工程之前必須決定好埋壁式龍頭款式，因不同廠牌的埋壁主體規格略有差異。

面盆龍頭

流線造型讓龍頭更具柔和感

為了讓整體衛浴設備更具質感，除了面盆線條做了變化，在龍頭上也改以流線造型為主，不僅線條使得五金更具柔和感，就算洗手時觸碰到也不會有不舒適感。

圖片提供—凱撒衛浴

面盆龍頭

洗浴空間中畫龍點睛的存在

刻意以樸實溫潤主導空間氣質的概念，設計師在柔和的間接照與低調壁磚中，選搭出獨特出水模式龍頭，增加洗手時的雅趣，更為空間創造了畫龍點睛的優雅質感。

面盆龍頭

讓衛浴注入一抹沉穩與洗鍊

近期愈來愈多龍頭以深黑或霧黑色呈現，除了展現不同的個性味道，也替環境注入一抹沉穩與洗鍊感受。藉由獨特的表面處理手法，觸感更舒服，同時顛覆傳統金屬龍頭的表現形式。

圖片提供＿大湖森林室內設計

圖片提供＿嘉品 JIA ENTERPRISE

圖片提供—大湖森林室內設計

浴缸／淋浴蓮蓬頭

輕鬆享有五星級洗浴感

有別於一般衛浴洗手檯面自下而上的冷熱水管線，設計者將水管採取埋壁方式處理，僅露出水龍頭與調節器，細管狀的出水口讓水流更柔和，落水台斜面設計讓水漬不積存，在家裡也有五星飯店式的洗浴感。

圖片提供｜橙白室內裝修設計

面盆龍頭

略帶斜度的龍頭 展現空間硬挺俐落

為了在一般居家中也能有五星級飯店的奢華感，設計師在衛浴空間裡運用了方形設計展現俐落，像是方型面盆取代圓形面盆，直挺造型的龍頭，簡約時尚卻略帶點斜度線條，恰好與與空間線條、陳設相互對話。

面盆龍頭

簡約優雅的俐落設計

為了呼應方正線條的面盆設計，洗手龍頭也以簡約概念為主，相互交織出優雅又俐落的味道。當配置於衛浴空間時，可以感受到，以簡單最帶出最單純美好的感受。

圖片提供－凱撒衛浴

浴缸龍頭

扁型出水口創造優雅沐浴感受

考量到一般直立式水龍頭出水時水聲吵雜，設計師便改以扁型瀑布龍頭作為出水口，開水時水流音量較小，且能呈現優雅如瀑布般的出水效果，搭配極簡的冷熱調節鈕，與整體奢華大器的設計相得益彰。

圖片提供－大湖森林室內設計

圖片提供－兩册空間制作所

面盆＋浴缸龍頭

黑與灰，安定空間調性

衛浴空間以淺灰色磁磚做鋪陳，在洗手台與淋浴龍頭則以黑色做調和，藉由同色系帶出環境的安定度，同時也透過深與淺的色彩比例配置，創造出清晰的視覺對比。

面盆龍頭

微彎曲造型打造文旅飯店般的如廁空間

整體以文旅飯店風作為設計概念的空間中，衛浴空間以黑白方口磚搭配水泥灰牆展現出文質彬彬的氣質，人造石洗手檯面搭配略帶弧度的水龍頭，十足呈現個性之美。

圖片提供　六十八室內設計

花灑

Type

3-3

特色解析

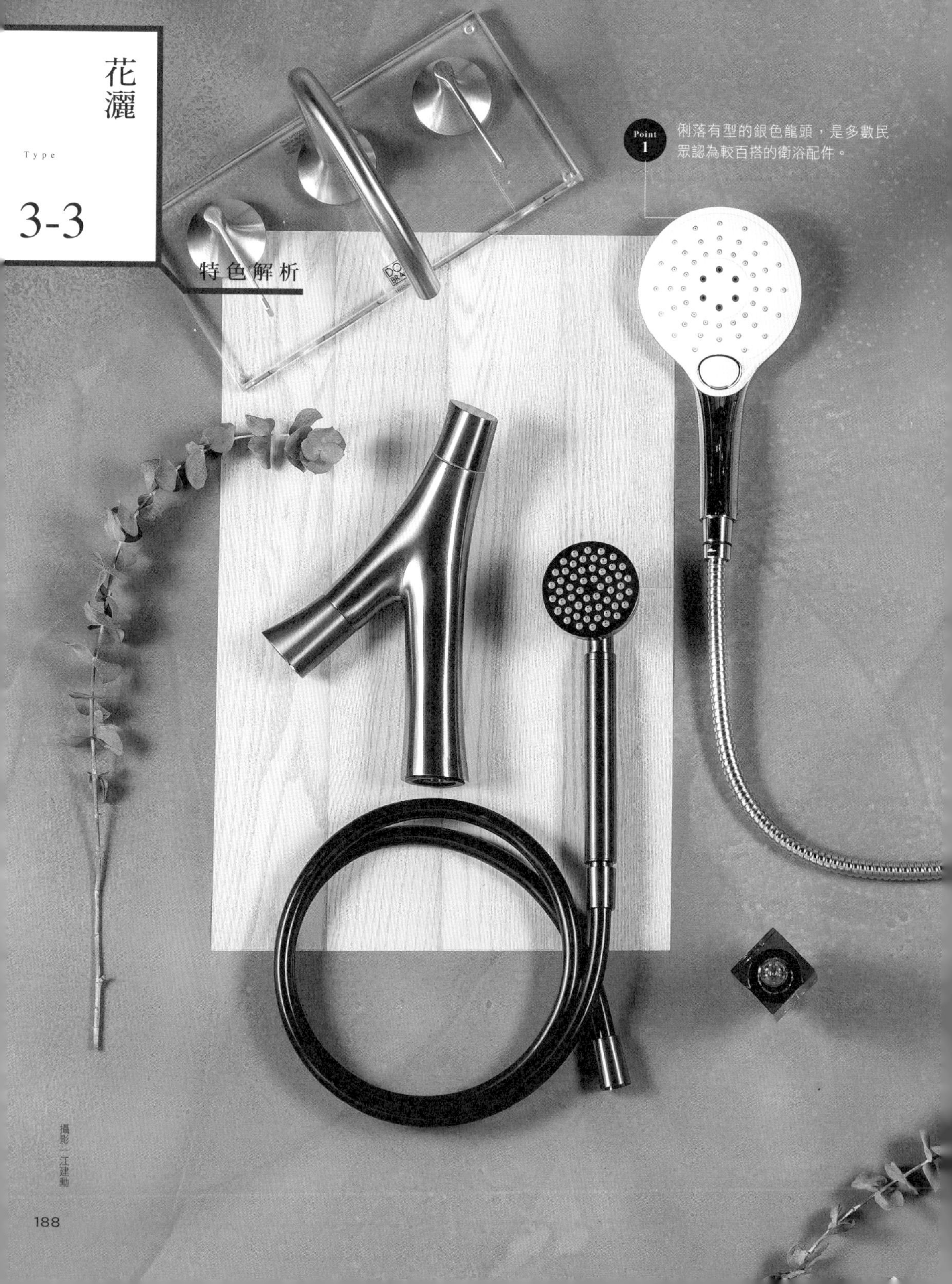

Point 1

俐落有型的銀色龍頭，是多數民眾認為較百搭的衛浴配件。

攝影｜江建勳

花灑又稱蓮蓬頭，亦有人稱之為淋浴柱，其最主要分外掛與埋壁式兩種。

外掛式花灑

外掛式花灑又再細分為「淋浴蓮蓬頭」與「淋浴柱」，淋浴蓮蓬頭包含頂噴花灑與蓮蓬頭，對於洗澡一併洗頭習慣的人相當方便，淋浴柱則除了頂噴花灑外，並面板上還設計了不同出水噴頭。外掛式淋浴花灑大部分多為既定型式，在安裝及維修上較為方便。

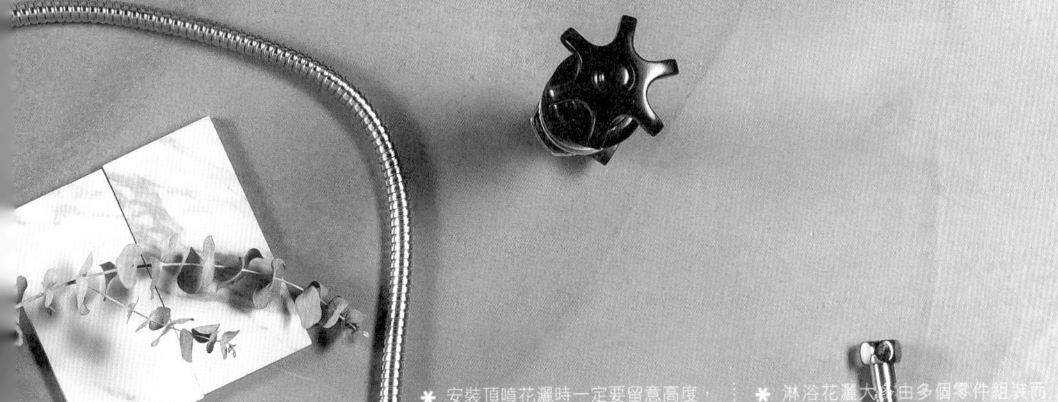

施工＆使用注意事項

✱ 安裝頂噴花灑時一定要留意高度，優先以居住者身高為考量，不然則建議至少安裝在1米9或1米95的位置。

✱ 淋浴花灑大多由多個零件組裝而成，因此安裝完畢後，務必仔細確認接合處是否有滲水或漏水的情形，才能即早解決問題。

花灑

Type

3-3

特色解析

攝影｜江建勳

埋壁式花灑

埋壁式則較為簡潔美觀，可針對需求搭配安裝各式出水噴頭。埋壁式的管線都在壁面中，因此能夠讓衛浴空間看起來更為簡潔，建議須事先規劃，才能預留對的管線位置。

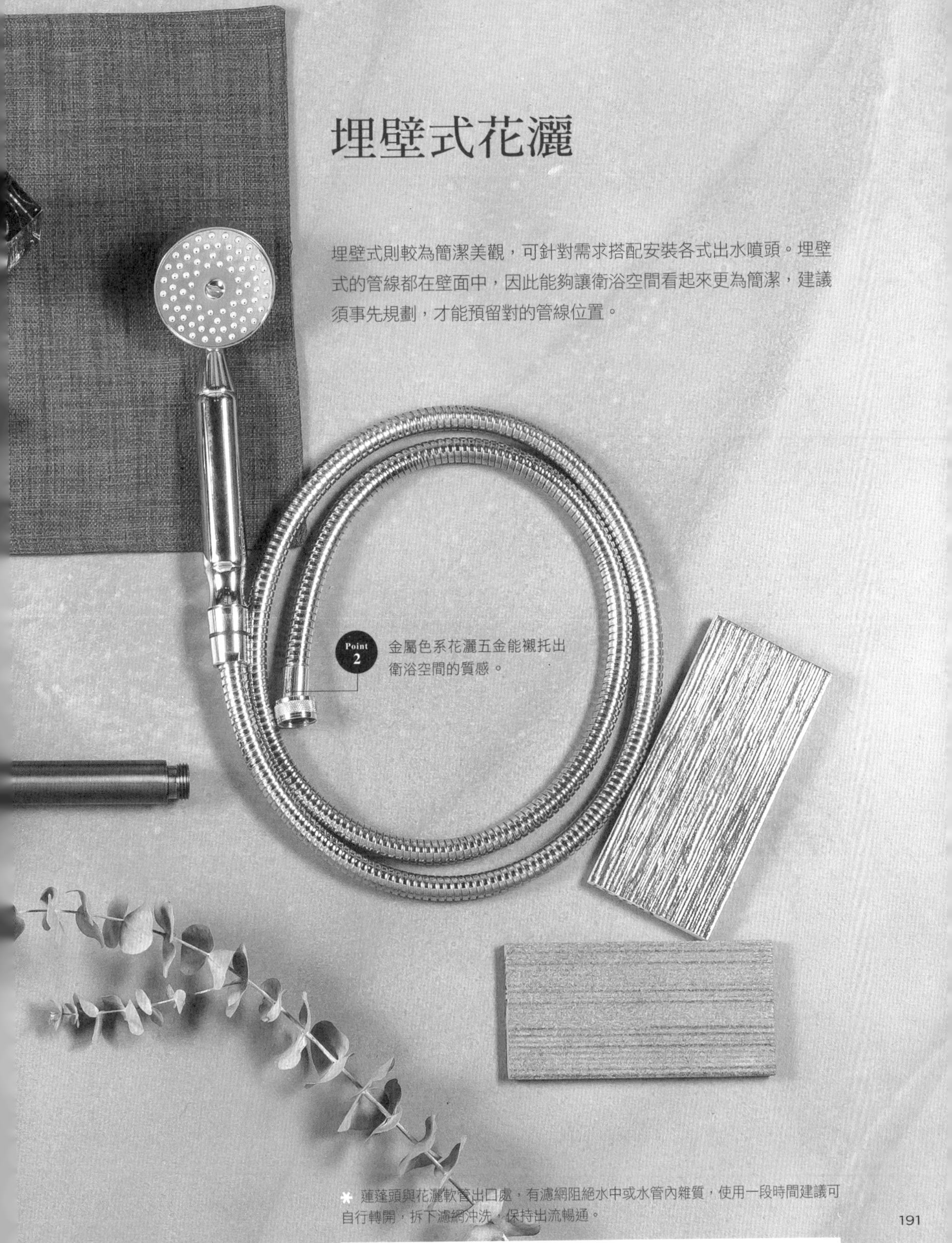

Point 2 金屬色系花灑五金能襯托出衛浴空間的質感。

＊ 蓮蓬頭與花灑軟管出口處，有濾網阻絕水中或水管內雜質，使用一段時間建議可自行轉開，拆下濾網沖洗，保持出流暢通。

施工＆使用注意事項

花灑

Type

3-3

案例運用

圖片提供｜大湖森林室內設計

花灑

一氣呵成的洗浴純粹

設計者以接近自然的石紋磚作為視覺主調，其它部分則以最簡鍊的方式呈現，棒管狀的蓮蓬頭、收納與水龍頭合而為一的水支架，地面則以溝縫取代地排，創造出最純粹單一的經典風格。

花灑

圓潤樞紐維持舒適立面

浴缸旁淋浴設備，設計者化繁為簡，不僅以內凹式收納取代層架，直立式的花灑與調節鈕，也以最簡鍊的方式展現，不讓視覺有任何雜亂負擔。而單純外表下，花灑具多段式水量調節與高度調整的機能毫不馬虎。

頂噴花灑

彷若甘霖的水幕淋浴享受

迎窗設立的豪華洗浴空間中，設計師從泡湯浴池的空間設計至淋浴設備，皆以舒適、質感作為設計主軸，特別的是，加設了大型頂花灑，更具備大面積水幕式淋浴機能，讓沐浴成為一種高質感享受。

圖片提供—大湖森林室內設計

圖片提供—大湖森林室內設計

圖片提供︱大湖森林室內設計

圖片提供—大湖森林室內設計

花灑

一體成型的方型花灑

為展現空間中的簡約大器，除了在壁面、檯面作石紋磚的舖陳外，搭配飯店等級的洗手檯面，淋浴花灑也以簡鍊、高機能特性為優先選擇，方形的蓮蓬頭設計中具多段水量與高度調整，兼顧實用與美感。

花灑

細膩弧線的花灑時尚

衛浴空間中花灑蓮蓬頭總是機能重於一切，忽略了設計上的搭配。然而在本案中，設計師選搭帶有弧度的花灑設計，恰好能與空間中的簡約氣質相呼應，呈現的時尚俐落的一致美感。

圖片提供｜橙白室內裝修設計

Type 3-4

落水頭／集水槽

特色解析

落水頭與集水槽是能夠讓水順利排出的五金零件。

落水頭／集水槽

落水頭（或稱地板落水頭）、集水槽（或稱截水槽），這兩個均是能讓水順利排出的五金，差別在於集水槽加長了長度，當大量水產生時能先將水導引到水槽盒中，進而再排至排水孔並流出去。排水孔蓋設計也不斷再做變化，早期多以瘦長橢圓洞居多，但此形狀毛髮容易一同跟著水流出去，後期則改以小方孔洞居多，透過破壞表面張力，加速水快速往下流，盡量地將毛髮留在孔蓋表層。除了一般常見落水頭、集水槽，也有所謂乾區防臭型落水頭，此適用於位於乾區地板時，平時沒有排水需求，時間一長存水彎的水容易乾涸，如此存水彎功能就會消失，而乾區防臭型落水頭，可透過矽膠的密封性來隔絕空氣流通與抑制蚊蟲、臭味的傳播。

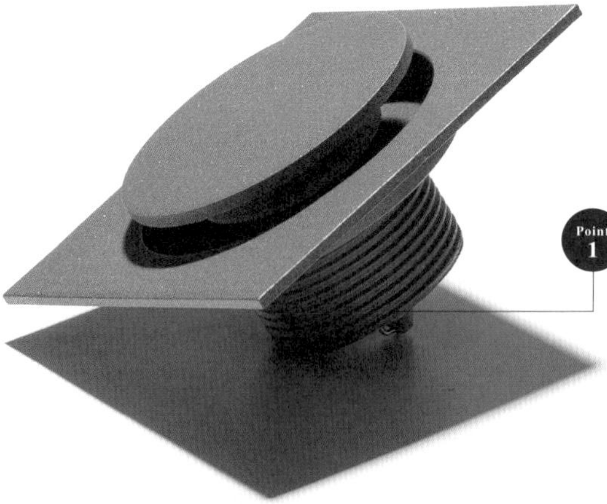

Point 1　此為適用於乾區落水頭。

攝影｜江建勳　產品提供｜拓亞實業有限公司、阿木師

Point 2 水管孔徑有1.5吋、2吋之分，在選擇落水頭時宜多留意。

集水槽的排水孔多在盒槽的左右兩側，建議在安裝時要注意其位置，避免安裝錯誤。

由於水管孔徑有1.5吋、2吋之分，不少孔洞是事先預留好，購買落水頭前一定要留意孔徑大小，避免買到不合宜的五金。

無論集水槽、落水頭其蓋子多為活動設計，可隨時打開做清潔與維護。

落水頭／集水槽

Type 3-4

案例運用

攝影－余佩樺

落水頭

乾區地帶仍特別做了地排設計

雖然說衛浴空間裡已做了乾濕分離的設計，但無法避免日後乾區地帶仍有清潔、刷洗之需求，為此，特別在此區加設了落水頭，提供打掃洗地時的排水機能。

集水槽

長型集水槽加快水的排出

擔心使用者在踏入降板浴缸時，會有較多的水量溢出，因此特別在浴缸旁設置了長型的集水槽，當有大量水溢下時，可以快速地讓水彙集於集水槽的水盒內，並順利排出。

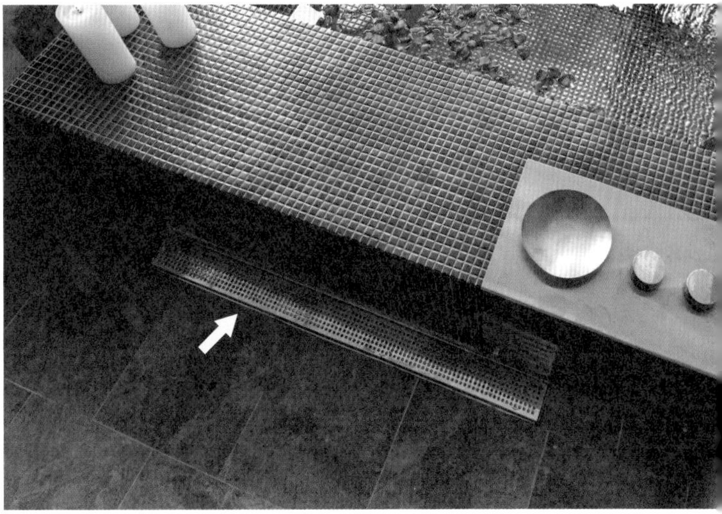

圖片提供—大湖森林室內設計

衛浴配件

Type 3-5

衛浴空間有限，得透過一些五金配件像是掛衣鉤、毛巾桿、衛生紙架、衛浴用品置物架……等，來解決置物、收納的需求，讓環境使用更為便利。

特色解析

Point 1 衣鉤有單個也有成一直條狀的形式。

攝影｜江建勳 產品提供｜拓亞實業有限公司

掛衣鉤有大、有小，有單個也有成一直條狀的形式，建議要先了解欲掛衣物形式，再決定掛衣鉤的種類，以免發生衣鉤過小無法掛足衣物的情況。

衛浴配件五金大多數都是要鎖於牆面，建議有需求可以及早提出，以免事後鑽孔鑽到預埋管線。

施工＆使用注意事項

掛衣鉤

掛衣鉤，即是指可以吊掛、鉤住衣服的五金，大多是透過金屬或其他好塑形的材料如：鋅合金等，做成彎角或鉤狀，或是由多個彎角組成一直條狀的形式。

Point 2 掛衣鉤為吊掛衣服的五金。

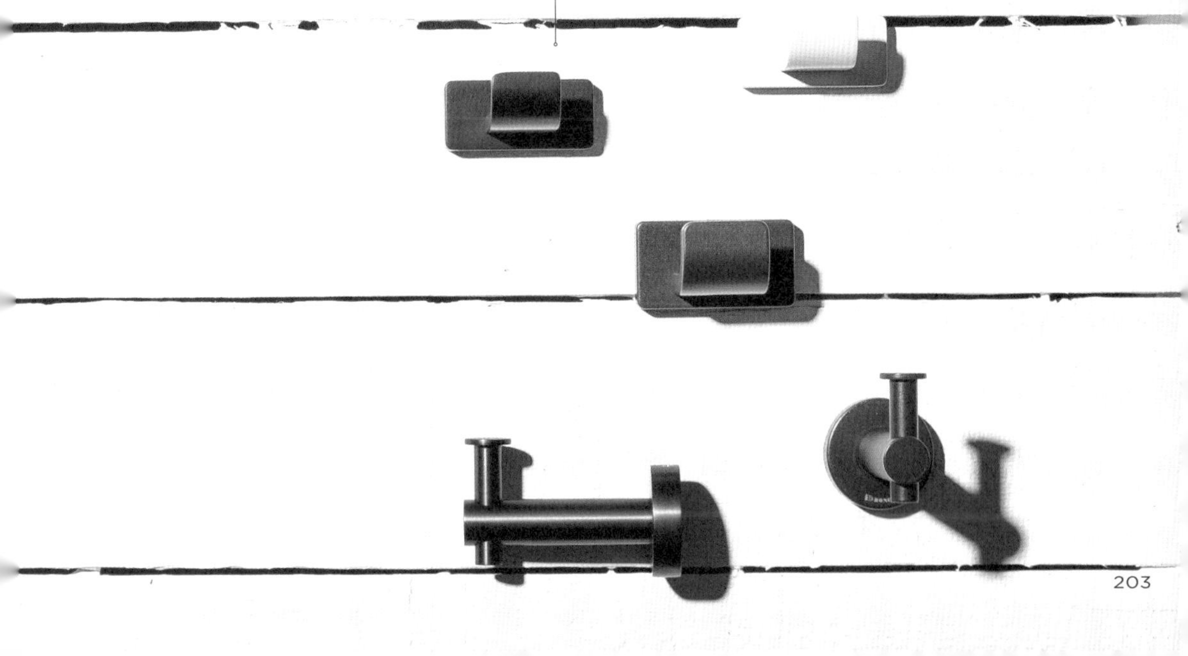

衛浴配件

Type 3-5

特色解析

毛巾桿

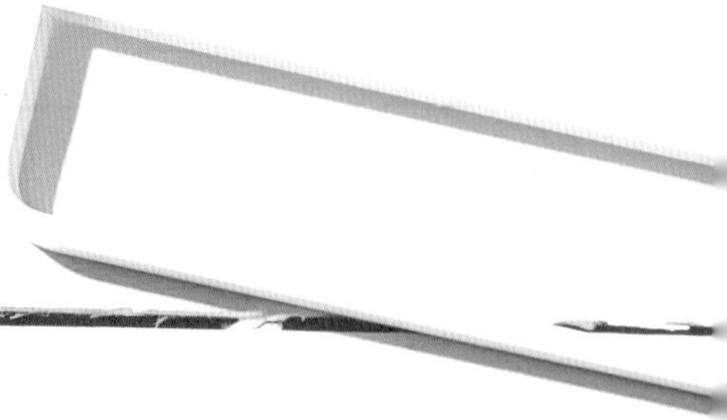

毛巾桿主要是由兩個座承搭配 1 ～ 2 根橫杆所組合而成，用於掛曬毛巾，一般常見安裝於衛浴空間中。常見不鏽鋼、銅、鋅合金等材質，又可再透過粉體塗裝增添表面的變化。

曬衣繩

伸縮曬衣繩由線繩收納座與固定支點架組成，需要曬衣服時，將線繩從圓盤中取出，並放置於固定架點架上，即能產生晾衣空間，晾曬完畢將線繩收起並不會影響使用空間。這類伸縮曬衣繩很常出現飯店衛浴裡，現今住宅空間偶也有人選用。

攝影｜江建勳　產品提供｜拓亞實業有限公司

Point 3 毛巾桿一般常見安裝於衛浴空間中。

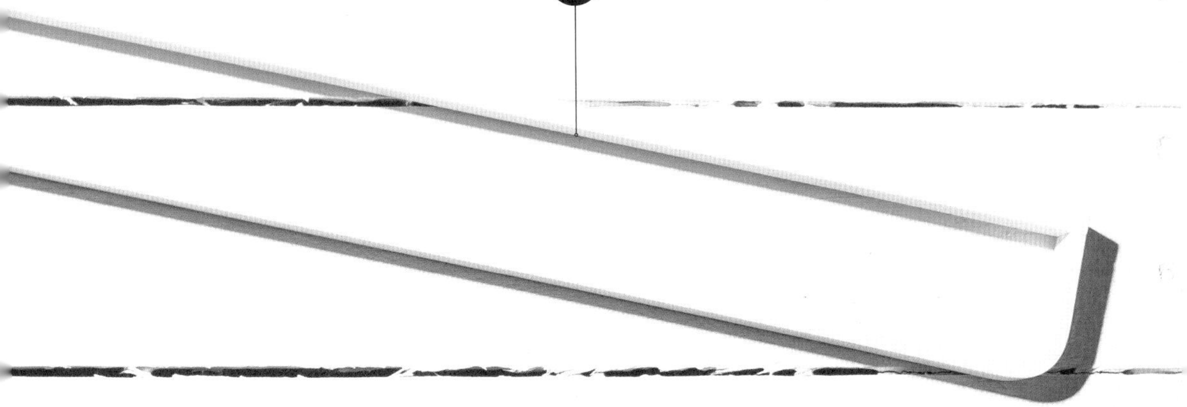

Point 4 曬衣繩能夠解決小空間晾衣的困擾。

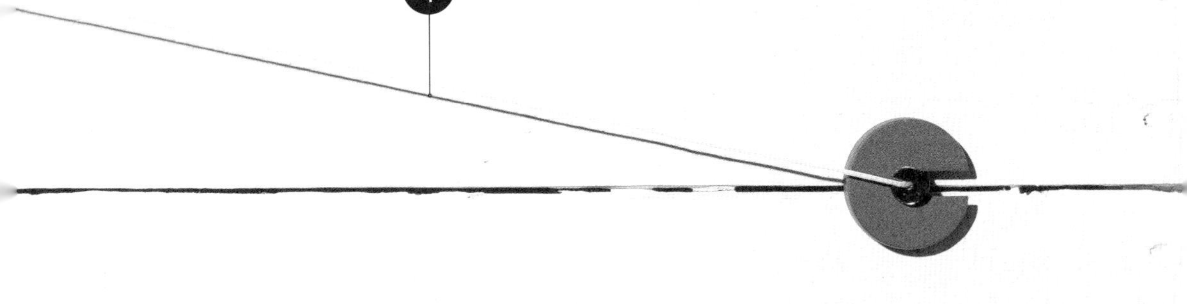

施工＆使用注意事項

曬衣繩其安裝位置是位於淋浴間及浴缸上，為的就是方便在晾曬時能若仍未全乾時，當水直接滴下可直接透過地淋浴區的地上排水排出去，而不會搞得整間衛浴濕答答。

浴室是最容易漏電、漏水的地方，為了預防漏電，部分國家就有強制規定衛浴五金得接地線的要求。

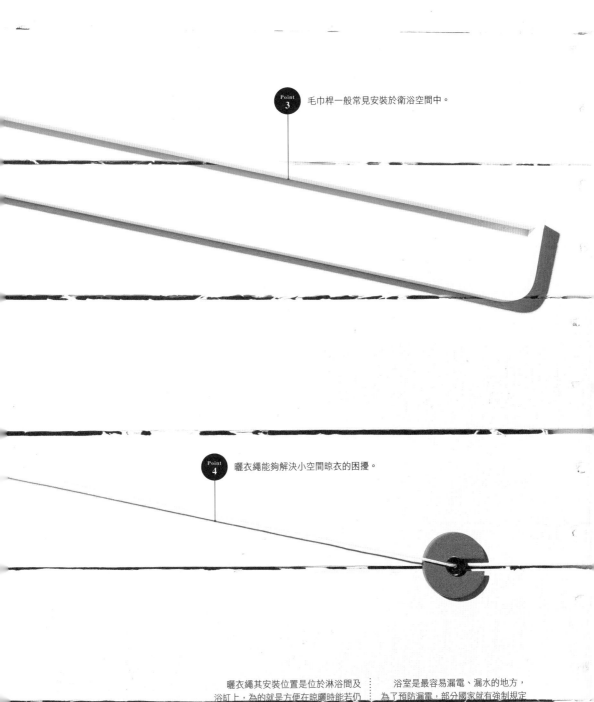

Type

3-5 衛浴配件

特色解析

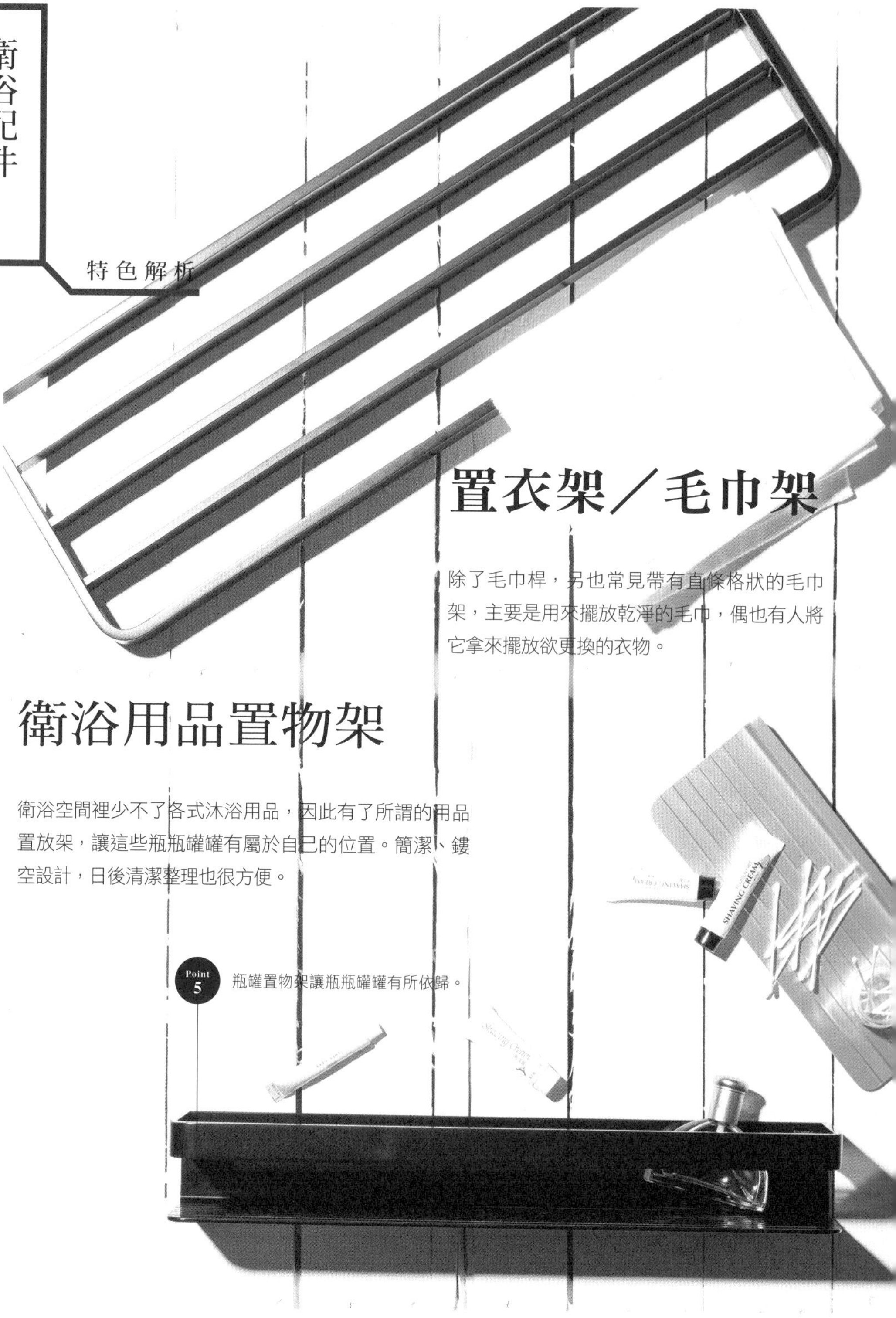

置衣架／毛巾架

除了毛巾桿，另也常見帶有直條格狀的毛巾架，主要是用來擺放乾淨的毛巾，偶也有人將它拿來擺放欲更換的衣物。

衛浴用品置物架

衛浴空間裡少不了各式沐浴用品，因此有了所謂的用品置放架，讓這些瓶瓶罐罐有屬於自已的位置。簡潔、鏤空設計，日後清潔整理也很方便。

Point 5 瓶罐置物架讓瓶瓶罐罐有所依歸。

攝影｜江建勳 產品提供｜拓亞實業有限公司

衛生紙架

衛生紙架主要是用來放置衛生紙之用，一般常見捲筒式衛生紙架與抽取式架兩種。捲筒衛生紙架有分單捲與雙捲，雙捲好處是可隨時補充，較不易發生有需求卻無衛生紙可用的窘況。

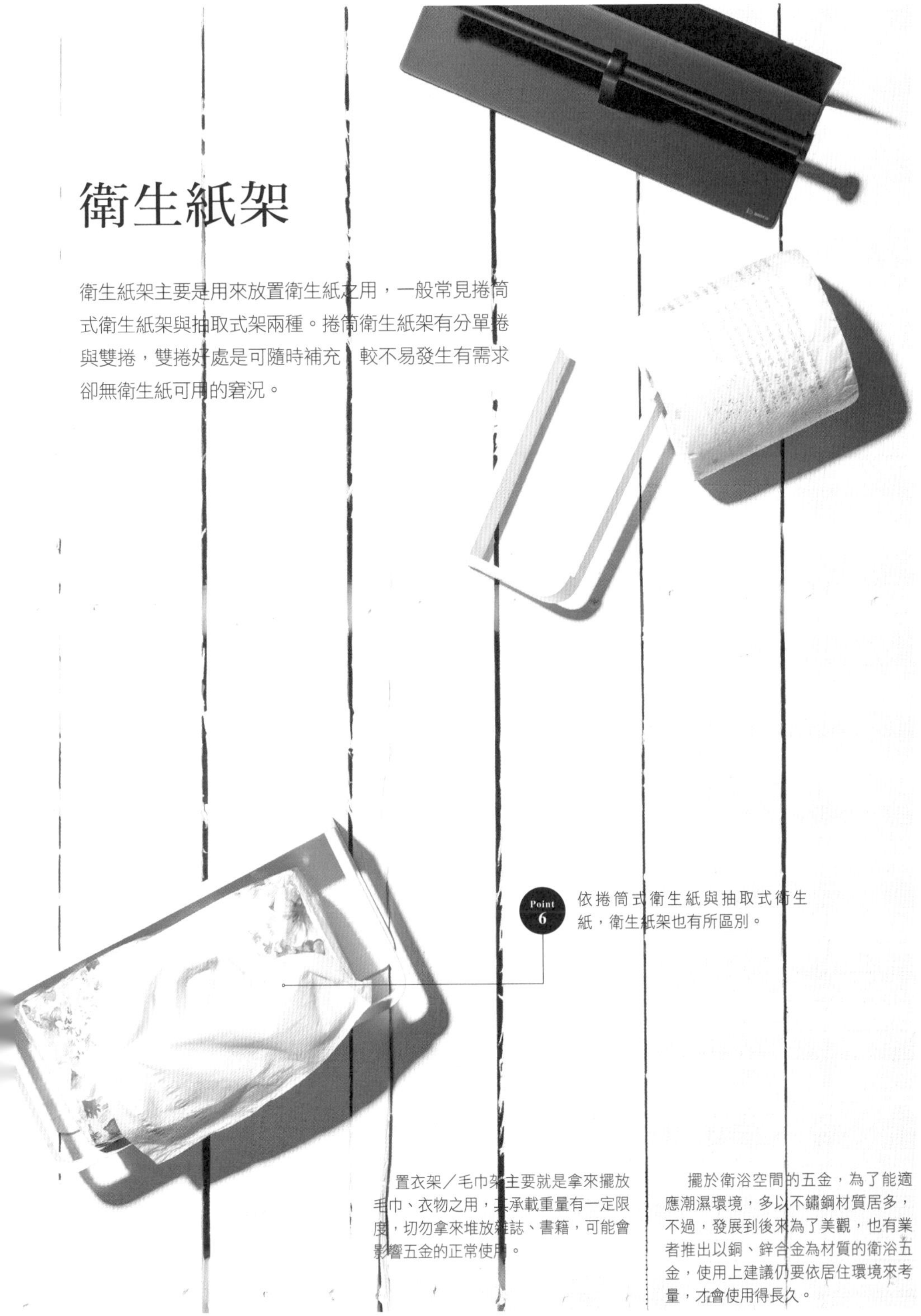

Point 6 依捲筒式衛生紙與抽取式衛生紙，衛生紙架也有所區別。

置衣架／毛巾架主要就是拿來擺放毛巾、衣物之用，其承載重量有一定限度，切勿拿來堆放雜誌、書籍，可能會影響五金的正常使用。

擺於衛浴空間的五金，為了能適應潮濕環境，多以不鏽鋼材質居多，不過，發展到後來為了美觀，也有業者推出以銅、鋅合金為材質的衛浴五金，使用上建議仍要依居住環境來考量，才會使用得長久。

衛浴配件

Type

3-5

案例運用

圖片提供一麗舍生活國際

毛巾桿

鏡櫃整合毛巾桿，好看又順手

有別以往將毛巾桿配置於牆面的設計，改設置在鏡櫃下方，彼此相互整，不僅充分運用小環境的使用空間，在使用上也變得更為順手。

毛巾桿

依使用習慣規劃相關吊掛五金

衛浴中難免會有各式浴巾、毛巾 、衣物需要吊掛，其配備配置位置沒有絕對，主要仍是依照使用者的身高尺度、使用習慣與需求，以及環境條件等，來做適合自己的規劃。

圖片提供｜嘉品 JIA ENTERPRISE

圖片提供｜嘉品 JIA ENTERPRISE

圖片提供｜嘉品 JIA ENTERPRISE

瓶罐置物架、毛巾桿

用一道牆解決毛巾與淋浴收納

為維持衛浴空間的乾淨調性，利用牆面空間配置用品置物架、毛巾桿等，藉此打造輕巧的收納設計，不僅方便擺放經常性使用的衛浴用品，也能減少空間裡過多的線條與雜物。

瓶罐置物架

設計結合五金爭取不同的置物機能

有限空間裡，為了爭取更多的置物空間，在一道牆面上結合不同用品置物架、毛巾桿，甚至盥洗台底下也做了收納櫃體，既能將衛浴中常用的瓶瓶罐罐收得漂亮，毛巾備品也有屬於自己的歸屬區域。

圖片提供｜麗舍生活國際

圖片提供＿麗舍生活國際

毛巾桿、掛衣鉤

俐落放置設計，一展壁面潔淨美麗

衛浴空間需要基本掛毛巾、衣服的放置設計，擔心過多容易壞了整體美觀，於是在選擇毛巾桿、掛衣鉤時，趨於簡潔的線條樣式，足夠擺放相關物品之用，也能一展壁面、環境潔淨的美麗。

毛巾桿、衛生紙架

簡約優雅的俐落設計

以全齡住宅為主軸規劃的衛浴空間，在就合宜距離配置毛巾桿、衛生紙架、雜誌架之外，另也採用不鏽鋼訂製扶手，作為安全輔助支撐，又能兼顧設計感，同時在扶手上端搭配實木材質，給予溫暖舒適的觸感，避免過於冰冷。

圖片提供｜演拓空間室內設計

圖片提供｜演拓空間室內設計

CHAPTER

4

設計哪裡找・五金哪裡買

Type4-1 五金・廚衛廠商

Type4-2 設計公司

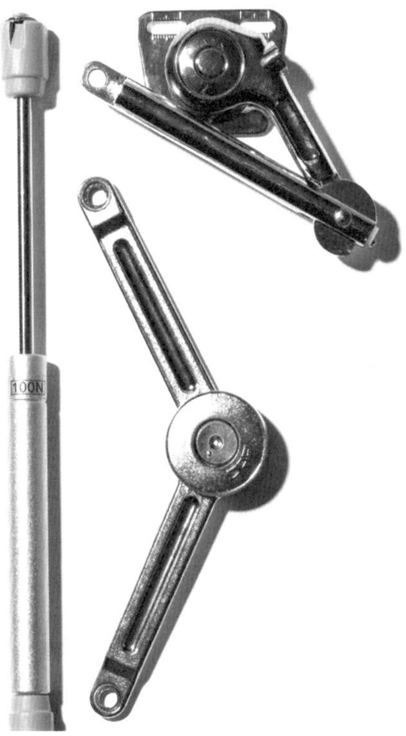
100N

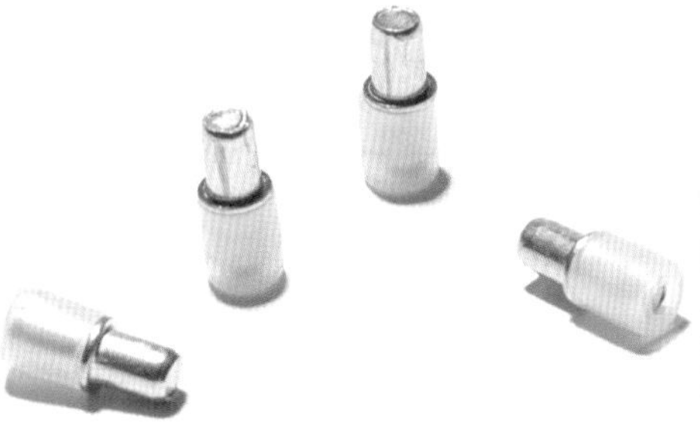

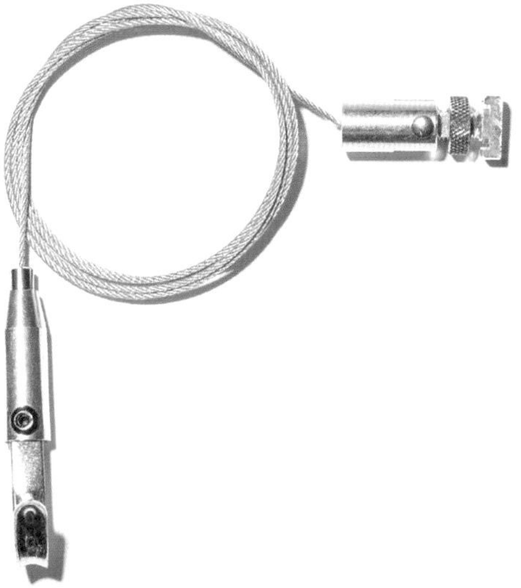

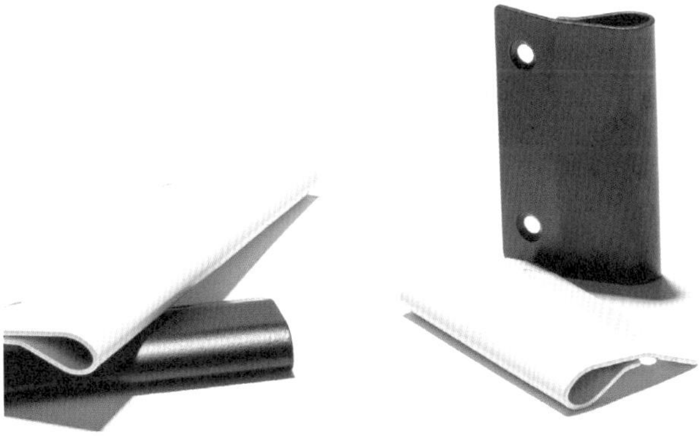

五金・廚衛廠商

Type 4-1

精選推薦

拓亞實業有限公司

代理進口精緻五金品牌BONCO系列產品，其五金產品具靈活的設計與好的品質控管，提供消費者優質的選擇。團隊本身也擁有相當專業的五金知識，以謹慎的態度提供客戶完善規劃與服務品質。

A 台北市內湖區行愛路77巷33號1樓
T 02-2793-9355
W www.bonco.com.tw

寶豐國際有限公司

專業於代理進口傢具五金配件的貿易商，為配合市場趨勢，引進歐洲知名品牌五金，以好品質、多樣性、精緻化之產品，滿足國人對於優質居家生活的堅持與需要。

A 新北市樹林區佳園路三段101巷120號
T 02-8970-0615
W hardware7-11.com

協進傢具五金製造廠

創立於1961年，本著質量、服務、誠實、效率4大原則來服務顧客，提供顧客品質更高、價格更具競爭力的好產品。

A 台中市神岡區圳前里六張路28-10號
T 04-2562-6606
W www.xhiehchin.com

九江五金行

於1950年開業，店內專營各種五金用品，提供消費者多樣五金商品與專業服務。

Ⓐ 台北市萬華區西寧南路233號1樓
Ⓣ 02-2331-5987
Ⓦ www.jioujiang.com

凱撒衛浴

成立於1985年早期為生活衛浴設計的廠商，2007年重新定位品牌，產品設計開始走向時尚感，目前產品線擴及瓷器、龍頭、浴缸等3大事業體；2011年則開始投入綠能科技事業，朝向「綠能、科技、環境、健康」的全方位衛浴產品前進。

Ⓐ 台北市內湖區民善街85號（台北內湖瓷藝光廊）
Ⓣ 02-2795-1802
Ⓦ www.caesar.com.tw

弘第 HOME DELUXE ／嘉品 JIA ENTERPRISE

弘第HOME DELUXE集團專營頂級廚具的代理，而後更陸續跨入精品傢具業、視聽娛樂系統……等，更於2016年跨足「衛浴領域」，並成立『嘉品企業股份有限公司 JIA ENTERPRISE CO., LTD』，把更好的美學帶進台灣。

Ⓐ 台北市松山區長春路451號1樓、4樓（弘第）、台北市內湖區民權東路六段192號（嘉品）
Ⓣ 02-2546-3000（弘第）、02-2791-7557（嘉品）
Ⓦ www.home-d.com.tw

麗舍生活國際

台灣首家引進高級廚衛產品的公司，以新穎的廚衛空間概念與趨勢，帶給消費者國際級的好品質產品，未來將以頂級品質、潮流設計與多功能性，為顧客打造專屬的廚衛環境。

Ⓐ 台北市松山區敦化北路260號1樓&地下1樓
Ⓣ 0701-0129-871或872
Ⓦ www.home-boutique.com

Type 4-2 設計公司

精選推薦

構設計

一直以來憑藉將「玩設計」的心帶入設計與生活中，試圖從屋主特質、空間特性找出最適切、合宜的設計規劃，讓空間充滿趣味、人味與獨特的性格。

A 新北市新店區中央路179-1號1樓
T 02-8913-7522

巢空間

透過充分的了解與認識，進入彼此對生活與空間的想像與需求，並融合美學設計，讓生活空間能一一訴說出屬於屋主個人的品味與氣質。

A 台北市文山區萬寧街8號2樓
T 02-8230-0045、0970-719-427
W http://nestspace.tumblr.com/

日作空間設計

用日子打造出來的空間，再用日子來細細品味。陽光、空氣、水滋養了生命，還需要居所的呵護。日作空間設計主要從事建築、景觀及室內空間設計，擅長解決原動線不佳的格局，重新規劃、打造出具自然風格與充足機能的空間。

W www.rezo.com.tw
A 桃園市中壢區龍岡路二段409號1樓
T 03-284-1606

維度空間設計

以生活風格的提案者為自許，樂於傾聽業主的需求、解決業主關於空間設計的任何問題，憑藉專業的規劃與施工團隊，讓裝飾變得更有意義，並滿足每位居住者心中對於家的詮釋。

Ⓐ 高雄市前金區成功一路476號
Ⓦ www.did.com.tw
Ⓣ 07-231-6633

懷特室內設計

一個新的材質或是材質的變化，這些都代表著是設計本身的價值創造，透過這些細節與表現語彙所累積起來的品牌印象，成為創造一眼便看出的懷特式風格。

Ⓐ 台北市大安區仁愛路三段143巷23號7樓
Ⓦ www.white-interior.com
Ⓣ 02-2749-1755

兩册空間制作所

專注於簡單而舒適溫暖的設計，透過室內裝飾的減少，來尋找比例、材料和空間三者的平衡。

Ⓐ 台北市松山區民生東路四段75巷10號1樓
Ⓦ 2booksdesign.com.tw
Ⓣ 02-2740-9901

六十八室內設計

六十八室內設計主要以設計服務作為主要商品樣態，藉由「施工工程」實際產出室內空間規劃，讓居住空間能更舒適與完善。

Ⓐ 台北市大安區永康街75巷22號2樓
Ⓣ 02-2394-8883

演拓空間室內設計

演拓設計講究對稱美學，創造的空間總給人一種理性與沉穩的質地，但是，在其雍容大氣的設計之下，同時隱藏著精工細作的態度，超過1,200條SOP，用嚴謹的心情施作每一個流程與工序，並以其誠意與自信提供對的設計，體貼使用者並滿足其生活上所有的需求。

Ⓐ 台北市松山區八德路四段72巷10弄2號1樓
Ⓦ www.interplay.com.tw
Ⓣ 02-2766-2589

FUGE馥閣設計

強調空間以人為本，不以獨斷的主張決定未來的生活；從設計到軟裝配置、動線到空間機能，尊重居住者的個人特質及場域結構，並融入城市與環境的優點，連貫室內外的空間感，讓生活更顯愉悅自在。

Ⓐ 台北市大安區仁愛路三段26之3號7樓
Ⓦ www.fuge.tw
Ⓣ 02-2325-5019

大湖森林室內設計

住宅，是容納生活的容器，透過素樸質材混搭現代極簡元素，打破人與自然的隔閡，讓室內空間與自然環境產生對話，使身心不再框限於狹窄的水泥四方盒中。

Ⓐ 台北市內湖區康寧路三段56巷200號1樓
Ⓦ www.lakeforest-design.com
Ⓣ 02-2633-2700

法蘭德室內設計

擅長動線規劃，讓空間與動線結合時能創造出最大效益，並靈活運用材質及整體搭配，將室內及室外空間延伸，營造獨特及專屬的生活空間。

Ⓐ 桃園市桃園區莊敬路一段181巷13號
Ⓣ 03-317-1288

橙白室內裝修設計工程有限公司

以室內設計為主軸模式融入生活，溝通傾聽、互信互賴，從而創造出優質生活美學。橙白室內設計秉持著對每個個案的用心經營與專業態度，以細膩動人的觀點與高質感的施工品質，獎空間有著不同的新詮釋與新態度。

Ⓐ 台北市士林區忠誠路二段130巷8號1樓
Ⓦ www.purism.com.tw
Ⓣ 02-2871-6019

今硯室內裝修設計工程

「一個空間的個性，絕非完全取決於多金，但適當的金錢投資卻是它的基礎。」今硯設計團隊相當重視空間的設計性，卻不以堆金砌玉為取向，藉由專業找出環境應有的味道。

Ⓐ 台北市南港區南港路二段202號1樓
Ⓣ 02-2782-5128

摩登雅舍室內設計

「每間房子，上面都寫著屋主的名字」——這是摩登雅舍的設計理念。在進行設計前，設計師會充分地與屋主溝通聊天，試著以屋主角色出發，提供最專業的服務，創造出獨一無二專屬於你自己的家。

Ⓐ 台北市忠順街二段85巷29號15樓
Ⓦ www.modern888.com
Ⓣ 02-2234-7886

Material 007X

裝潢五金研究室【暢銷改版】

一次搞懂應用工種、安裝關鍵、創意巧思

作者｜漂亮家居編輯部

責任編輯｜余佩樺
封面&版型設計｜FE 設計葉馥儀、白淑貞、鄭若儀
美術設計｜詹淑娟
採訪編輯｜余佩樺、許嘉芬、施文珍

發行人｜何飛鵬
總經理｜李淑霞
社長｜林孟葦
總編輯｜張麗寶
副總編｜楊宜倩
叢書主編｜許嘉芬

出版｜城邦文化事業股份有限公司 麥浩斯出版
地址｜104 台北市中山區民生東路二段 141 號 8 樓
電話｜02-2500-7578
傳真｜02-2500-1916
E-mail｜cs@myhomelife.com.tw

發行｜英屬蓋曼群島商家庭傳媒股份有限公司城邦分公司
地址｜104 台北市民生東路二段 141 號 2 樓
讀者服務專線｜0800-020-299（週一至週五 AM09:30 ～ 12:00；PM01:30 ～ PM05:00）
讀者服務傳真｜02-2517-0999
E-mail｜service@cite.com.tw
劃撥帳號｜1983-3516
劃撥戶名｜英屬蓋曼群島商家庭傳媒股份有限公司城邦分公司

香港發行｜城邦（香港）出版集團有限公司
地址｜香港灣仔駱克道 193 號東超商業中心 1 樓
電話｜852-2508-6231
傳真｜852-2578-9337

馬新發行｜城邦（馬新）出版集團 Cite (M) Sdn Bhd
地址｜41, Jalan Radin Anum, Bandar Baru Sri Petaling, 57000 Kuala Lumpur, Malaysia.
電話｜603-9057-8822
傳真｜603-9057-6622

總 經 銷｜聯合發行股份有限公司
電話｜02-2917-8022
傳真｜02-2915-6275

製版印刷｜凱林彩印股份有限公司
版次｜2023 年 2 月二版 1 刷
定價｜新台幣 550 元整

Printed in Taiwan

ISBN 978-986-408-894-2

國家圖書館出版品預行編目 (CIP) 資料

裝潢五金研究室【暢銷改版】: 一次搞懂應用工種、安裝關鍵、創意巧思 / 漂亮家居編輯部作 . -- 二版 . -- 臺北市 : 麥浩斯出版 : 家庭傳媒城邦分公司發行 , 2023.02
面； 公分 . -- (Material ; 7X)
ISBN 978-986-408-894-2(平裝)

1.CST: 室內設計 2.CST: 建築材料 3.CST: 施工管理

441.52　　111022467